U0107762

故宫建筑之美

祝勇 著　李少白 摄影

生活·讀書·新知 三联书店

目录

序言　王者之城

一

　　故宫，意思是过去的宫殿。中国历史悠长，经历过无数次王朝鼎革，也就有了无数座过去的宫殿，因此"故宫"这个词，不是今天才有。《汉书》里写："公卿白议封禅事，而郡国皆豫治道，修缮故宫。"[1]"故宫"这个概念，至少在汉代就有了。"故宫"的意象，也在唐诗宋词里出出入入，像唐代刘禹锡曾在《踏歌词》里写："桃蹊柳陌好经过，灯下妆成月下歌。为是襄王故宫地，至今犹自细腰多。"宋代苏东坡《次前韵寄子由》写："指点昔游处，蒿莱生故宫。"蔡襄《经钱塘故宫》写："废

1　（东汉）班固：《汉书》，中华书局 2000 年版，第 981 页。

苑芜城裏故宫，行人苑外问秋风。当时歌舞何年尽，此意古今无处穷。"

中国的王朝史里，夹杂着一部浩瀚的宫殿史，只不过宫殿一如王朝，都有着各自的命运与劫数。留到今天，完整如初的，只有这一座明清紫禁城。正如在明朝初年的岁月里，工部郎中萧洵能够看见的，只有一座元朝的故宫。

那个时候没有照相机，元朝故宫的影像，都留在萧洵的文字里，打开他的《故宫遗录》，依然清晰可望，仿佛岁月不曾带走那座浩大宫殿的一片瓦、一粒沙。那是一座此前不曾出现过的宫殿，不只规模浩大，如萧洵在《故宫遗录》里记载的，皇宫（大内）"东西四百八十步，南北六百十五步"，换算成今天的计量单位，东西宽约740米，南北长约1000米，而且临水而建，水叫太液池（今中南海与北海）。水天浩渺，浮光掠影，如同一面巨大的镜子，映照着王朝的兴衰。水中有岛，名琼华岛，那里是忽必烈的深爱之地，以至于会舍弃奢华的宫殿，住在山顶上修建的广寒殿里。很多年后，成为明朝内阁首辅的张居正记下这么一笔："皇城北苑有广寒殿，瓦壁已坏，榱桷犹存，相传以为辽萧后（即萧太后）梳妆楼。"[1]

入主华夏的蒙古人，就围绕着这片水，建起了自己的宫殿。自那时起，北京作为国家首都的历史，延续了七个世纪[2]。在东岸，建了皇宫（大内），它的午门（崇天门），大约就在今天故宫太和殿（初建时名奉天殿，明嘉靖时改称皇极殿）的位置，而宫城内部，则形成了以南部的大明殿和北部的延春阁两大建筑为主体的建筑群。在西岸偏南，修建了隆福宫，偏北则修建了兴圣宫——这两座宫殿，分别是皇太子和皇后居住之所，与决定帝国命运的宫城隔水相望。黎明时分，水上时常流散着一束束紫青色的雾，高低错落的宫殿群，在烟雾中若隐若现。宫城角楼风铃的声音会隐隐约约地传来，让藏在苇丛里的鹭鸶、白鹤，悚然惊飞。

也就是说，有过三座略近于今天故宫面积的巨大宫殿群，在太液池的两岸铺开阵势，三足鼎立，而后来的

1　转引自《单士元集》第 4 卷《史论丛编》，第 1 册，紫禁城出版社 2009 年版，第 95 页。

2　辽、金皆曾定都北京，但辽、金并未一统天下，自公元 1272 年元定都北京（称大都）至今，北京成为全国首都已七百余年，其间只有明初迁都北京以前，以及中华民国 1928 年到 1949 年的 21 年中，国都定在南京。

苍穹下的王者之城

明清紫禁城（今故宫），把帝后的寝宫收拢在皇宫的北部，形成"前朝后寝"的格局。元朝在三座宫城和御苑的外围又筑起一座皇城，周围约二十里。皇城的城墙叫"萧墙"，也叫"红门阑马墙"，顾名思义，宫禁之内，严禁骑马。皇城的正门叫棂星门，穿越长达七百步的千步廊，与元大都的正门丽正门（今天安门南）遥遥相望。

祸起萧墙，转眼间，血流成河，江山易主。

那被意大利人马可·波罗惊叹过的高大城墙，如今只残存西段、北段遗址，共12公里。

安贞门、健德门，元大都北城墙上的这两座高敞大门，如今也变成了北京10号地铁线上的站名。高峰时期上班族们匆匆走出地铁站，抬头仰望空荡荡的天空，无暇去顾念这座大城的沧海桑田。

明洪武五年（公元1372年），一个名叫宋讷的官员写下一首诗，叫《壬子秋过故宫》，诗曰：

郁葱佳气散无踪，

宫外行人认九重。

一曲歌残羽衣舞，

五更妆罢景阳钟。

繁华过处，似水无痕，再浓重的悲哀、再深长的故事，亦仿佛可以吹散在天地之间，不会留下任何痕迹。

二

此刻，我正在写的这本书是另一种形式的"故宫遗录"，通过文字来重构"故宫"的历史，就像当年的萧洵一样。只不过我所讲到的"故宫"，已不是他笔下的元宫，而是明清两代的皇宫——紫禁城。他记录了一个在15世纪之初行将毁灭的故宫，我讲述的则是在那个"故宫"消失之后重新建起的"故宫"。这个"故宫"至今尚在，就在我们的眼前，每一根线条、每一块砖瓦都是真实的。我试图在文字里将这座早已建成的城重造一遍，材料不再是砖石、楠木、琉璃瓦，而是文字，是一笔一笔的横竖与弯钩。当然，在重建里，我还动用了无数次的寻觅、追思与想象，因此这重述不只是借助文字完成的，还要借助情感、生命与血肉。

元至正二十八年正月初四，公历1368年1月23日，朱元璋在南京称帝，国号"大明"。

洪武二年（公元1369年），朱元璋下令，在自己的故乡凤阳[1]建设中都。

这项自洪武三年（公元 1370 年）开始的建设工程，到洪武八年（公元 1375 年）突然停止。

洪武八年，朱元璋下旨，"改建大内宫殿"。他舍弃了六朝故宫一直延续的玄武湖至聚宝山这一传统轴线，在钟山南麓，填掉燕雀湖，将金陵王气收束在这座新的紫禁城内。

关于南京城的风水，当年诸葛亮到达东吴，看见南京（当时称建业）第一眼就曾感叹："钟山龙蟠，石城虎踞，真帝王都也。"

假若朱棣后来不是去了北平，见识了帝国北方的天地浩大，目睹了元朝故宫的气势恢宏，或许在当上皇帝以后，他也会像自己的父亲一样，在六朝金粉的南京城里待上一辈子。帝国的边疆城市北平，也不会在他的手里，重新变成国都。

正是因为洪武十三年（公元 1380 年），21 岁的燕王朱棣带着徐达的爱女、四年前被册封的燕王妃，纵马出了灯火阑珊的南京城，一路向北，跨过当年壮士一去不

---

1 原名临濠，洪武五年（公元 1372 年）改为凤阳。

复返的易水，抵达遥远的北平，帝国的剧情，才在他的手里发生了反转。

朱棣在北平住的燕王府，具体位置一直众说纷纭。有学者认为，它在太液池西岸，元朝从前的西宫内；也有人认为，它其实就在元朝紫禁城的大内中[1]。从史料上看，燕王府的正殿名叫承运殿，面阔十一间，次殿圆殿、存心殿，面阔皆为九间[2]。间，是中国古代建筑术语，指殿宇前后四根柱子之间的位置。北京故宫的太和殿，就是面阔十一间。在古代皇权社会，建筑无小事，根据礼制的规定，十一间、九间的规制，唯帝王才配享有，而王府的规格，最多只能在九间或九间以下，而燕王府的正殿竟然面阔十一间，显然已经逾制。

二十多年后，这成为朱元璋的继任者、明朝第二位皇帝朱允炆指控朱棣的把柄之一——他把四王爷居住在

---

1 单士元、朱偰、李燮平、姜舜源等学者持西内说，详见单士元：《明代营造史料·明代王府制度》，原载《中国营造学社汇刊》第3、4期；朱偰：《明清两代宫苑建置沿革图考》，北京古籍出版社1990年版，第12页；李燮平：《燕王府所在地考析》，《故宫博物院院刊》1999年第1期；姜舜源：《元明之际北京宫殿沿革考》，《故宫博物院院刊》1991年第4期。王剑英先生则认为燕王府址即为元大都宫城大内，参见王剑英：《燕王府即元故宫旧内考》，见《北京史论文集》1984年第2辑。

2 《明太祖实录》卷一二七。

元朝天子宫殿内的行为定性为"僭越"。朱棣于是上书皇帝，做了这样的自我辩解：

> 此盖皇考所赐，自臣之国以来二十余年，并不曾一毫增益，其所以不同各王府者，盖《祖训》"营缮"条云明言：燕因之元旧有，非臣敢僭越。[1]

意思是说，住在元朝故宫，这是父皇的旨意，况且20多年来，一直没有修缮、扩建，跟各王府不同，只是利用了元朝的旧建筑，如何谈得上"僭越"呢？

朱棣没有说谎，燕王府之所以逾制，的确拜其皇考（也就是他的父亲朱元璋）所赐，因为朱元璋确曾说过："除燕王宫殿仍元旧，诸王府营造不得引以为式。"[2]燕王府的"逾制"，是为了节省建设经费，因此沿用了元朝的旧宫殿，这一点得到朱元璋的认可，其他各王不能效仿。

元故宫中，唯有太液池东元朝大内的正殿大明殿面

1　《明太宗实录》卷五。

2　（明）高岱：《鸿猷录》卷七《封国燕京》。

阔十一间，而太液池西隆福宫和兴圣宫的正殿，面阔只有七间，因此可以判断，燕王府的正殿，就是元朝天子曾经的正殿——大明殿。[1]

三

元朝的大明殿，在今天紫禁城西路慈宁宫的位置上。包括大明殿在内的元朝三大殿，被改造成燕王府的仁智、大善、仁寿（自南向北）三大殿[2]。而今天武英殿前那条弯弯的御河，从前正是三大殿前的金水河。金水河上有三座青白石桥面、汉白玉栏杆的拱桥，那是燕王府的金水桥。三座金水桥中东侧的一座保留到了今天，就是今天武英殿东的彩虹桥。[3]

---

1 参见白颖：《燕王府位置新考》，《故宫博物院院刊》2008 年第 2 期。

2 嘉靖时期又拆除仁寿宫，建慈宁宫，供太后居住。除《明实录》等诸多文献记载外，故宫博物院考古研究所于 2014 年 9 月至 10 月、2016 年 4 月至 11 月对慈宁宫花园进行的考古发掘也证实了这一点。

3 参见王子林：《元大内与紫禁城中轴线的东移》，《紫禁城》2017 年第 5 期。根据故宫博物院考古研究所现场考古判断，彩虹桥的建筑年代应不早于明早期，参见徐海峰：《古桥一隅寻遗踪》，《紫禁城》2017 年第 5 期。

朱棣曾与兄弟们一起回到中都祭祖，目睹过凤阳紫禁城的壮丽雄浑。当朱元璋废中都而建南京，朱棣更是目睹了南京紫禁城的巍巍浩荡。但父亲的这两座城，都抵不过当年忽必烈的紫禁城，以至于朱元璋攻打下元大都以后，若不是考虑到"元人势力仍潜留北方，现在就继承其旧，尚不适宜"[1]，他甚至有可能直接在北平建都。此刻，20出头的朱棣，成了这座旧宫殿的主人，目睹着这浩大宫殿的金黄灿烂、壮阔无边，君临天下的野心，或许就在这时勃然而生。

的确，在朱元璋的众皇子中，朱棣是最出色的一个。他在刀光剑影中长大，少年时随将士们出征的经历，捶打了他的筋骨和内心，让他变得风雨难侵。在朱元璋心里，朱棣已经成为众藩之首。但明朝实行嫡长子继承制，翰林学士刘三吾"立燕王，置秦、晋二王于何地？"[2]一语道破了朱棣的硬伤——在朱元璋的儿子中，朱棣不仅行四，在他前面，有秦王朱樉和晋王朱棡这两位哥哥；而

1　单士元：《明代营建北京的四个时期》，见《单士元集》第4卷《史论丛编》，第1册，紫禁城出版社2009年版，第136页。

2　《明太宗实录》卷一。

且他是庶出，他的生母是碩妃，而不是朱棣后来让史官们篡改的，是朱元璋的正室马皇后。在那个嫡长子继承制的朝代，没有正统嫡传的身份，这几乎是一条政治红线。这宿命，是他从娘胎里带出来的，他的履历天生不合格。

因此，让朱棣接班的念头，在朱元璋心里，只是打了个转，就不见了踪影。

但是，在朱元璋的心里，朱棣依旧是有分量的。朱元璋死前不久，还在给朱棣的一封信里说："攘外安内，非汝而谁？……尔其总率诸王，相机度势，用防边患，乂安黎民，以答上天之心，以副吾付托之意。"[1]

攘外和安内，承担这两项重任，朱棣都是不二之选。而且，他是诸王的核心，只有他才能率领诸王，抵御边患，安抚黎民。这是朱元璋发出的最后一道敕书了，几天之后，朱元璋就突然撒手人寰。

太子朱标早亡，皇位传给了朱标的长子（也就是朱元璋的长孙）朱允炆，史称建文帝。在久经沙场、冷酷而冷血的皇叔朱棣面前，这个年轻望浅的大侄子实在不

1　《明太祖实录》卷二五七。

午门

是对手。

不知道朱棣对帝位的觊觎，有多少源自天性，又有多少得到了这大内宫殿的助长。站在元故宫里，站在帝国北方辽阔的天际线下，那曾经属于蒙古人的视野，不只带给他巨大的空间感，也鼓起他非凡的勇气和力量，让他藐视如烟似幻的南京，当然也藐视南京紫禁城里那个文质彬彬的玉面小生。

元朝的皇宫里，住着明太祖朱元璋的儿子朱棣。他与皇位之间的关系，似乎已隐隐地注定。

四

建文元年（公元 1399 年），蛰伏已久的朱棣终于走出燕王府，誓师起兵，南下讨伐朱允炆，向自己的皇位挺进。

这场决定王朝未来命运的战争，史称"靖难之役"。

三年后，朱棣率领军队冲入南京紫禁城的时候，朱允炆去向不明。

《明史》说："燕兵入，帝自焚。"[1]又说："宫中火起，帝不知所终。"[2]

"不知所终"，似乎在暗示朱允炆并没有死去。

朱允炆是死是活，从此成为明朝最神秘的事件，一直争论到今天。

随着朱棣的屁股在龙椅上缓缓坐定，永乐时代的大幕，已徐徐拉开。

永乐元年（公元1403年），朱棣下诏改北平为北京；永乐四年（公元1406年），又下诏明年（即永乐五年）五月建北京宫殿，分遣大臣采木于四川、湖广、江西、浙江、山西……[3]

圣旨宣读完毕，我猜想宫殿上下一定会陷入一片寂静，好似有一块冰被放置在空气中，让空气变成一个巨大的固体。那时已是初秋，史书上写，是闰七月，南京城最热的时分，但当时在场的人，却仿佛坠入了寒武纪，分明看到空气中的冰块凝结着新的空气，一点一点地膨

1　（清）张廷玉等撰：《明史》，中华书局2000年版，第2669页。

2　（清）张廷玉等撰：《明史》，中华书局2000年版，第45页。

3　（清）张廷玉等撰：《明史》，中华书局2000年版，第56页。

胀，变成一个庞然大物，重重地向每个人逼近。我猜想现场的每个人都屏住了呼吸，血流骤然停止，大脑严重缺氧，四肢变得麻木。时代的巨大变化，犹如一辆急剧翻转的过山车，让人猝不及防。

在北京营建新皇宫的原因，《明太宗实录》里不着一字，以至于清朝康熙皇帝曾经不无挖苦地说："朕遍览明代《实录》，未录实事，即如永乐修京城之处，未记一字。"

在永乐皇帝以前，北京从来不曾做过汉族中央王朝的都城。

在永乐四年，明成祖朱棣发布这道谕旨的时候，北京还是一座偏远荒蛮的小城。那时的北京，虽然空气清澈，没有雾霾，但永定河经常泛滥，土地荒寒，更加上战火不断，往往几百里不见人烟，以至于永乐皇帝登基之后，还要组织向北京大规模移民。在中国历史上，汉族王朝的帝都，始终不离黄河左右，在长安—洛阳的轴线上迁徙。隋代开凿大运河，打通了帝国南北经络，长江以南地区成为丝绸、茶叶、瓷器、冶铁、铸铜等重要产业基地，宋室南迁，更使长江以南成为中国的政治、文化、经济中心，成为"大中国经济圈"的主要生产基地。明朝立都南京，亦基于此。

北京的古名叫幽州。传说在夏代，有一个伟人画了一个圈，把北京（幽州）圈划在"中国"的区域之内，那个伟人就是夏禹。夏禹治水之后，把天下分为九州，幽州就是其中之一。当然，有之前的一代代中国人歌于斯、哭于斯、聚于斯、合于斯，夏禹画出那个圈，才不费吹灰之力。

两汉、魏、晋、唐代都曾设置过幽州。但历朝历代，北京都是中原王朝的边陲之城，一直处于中原王朝与北方游牧势力的交叉点上。这座历史上著名的"边关"，仿佛一直停留在寒武纪，穿越楼船夜雪、铁马秋风。千年的风雪，已将这座城池浸透，在砖石间凝结成一层又一层无法消融的冰花。唐代，一个名叫陈子昂的小军曹，面对这座古城，吟出一首《登幽州台歌》。他诗里的那个幽州是那么苍茫、幽远、悲怆，即使在繁花似锦、歌舞升平的盛唐，也读不出一点安乐的味道。五代十国时，后晋的石敬瑭把燕云十六州当作礼物，毕恭毕敬地送给辽国，让北方草原王朝的势力范围突破长城防线，拓展到长城以南，长城也在历史上第一次失去了防守的意义。收回燕云十六州，从此成为宋朝皇帝最大的梦想。石敬

远望太和殿

塘的这个大礼包，就包括北京（幽州）在内。北京自此由大宋王朝的北方城市，变成了辽帝国的南方城市。

有意思的是，北方游牧民族却不止一次地把北京定为首都。北京仍然是战略前沿城市，只不过这一次转换到北方游牧民族的视角上。这时的视线，不再是中原北望，而是掉头向南，自林海雪原出发，伸展向中原的千里沃野。北京，是他们驻足南望时最近的"瞭望点"，是他们临近中原的"桥头堡""前哨站"。在今天北京房山良乡，还有一座辽代砖塔（始建于隋代，辽代重建）。朱棣发起"靖难之役"，就曾自它身边纵马驰过，然后，融入暮色苍茫的荒野，杀向灯火繁华的江南。它虽为佛塔，但辽代以后，一直用于作战目的。北宋据有北京（大名府）时，北宋军人用它观察辽国军人；而辽国据有北京（辽南京）时，辽国军人又以它观望南方军情。所幸的是，这座五层空心砖塔，历经千年战争风烟而依然伫立，如今成为北京地区唯一的楼阁式空心砖塔。

自辽太宗会同元年（公元 938 年）起，幽州就成为辽国的"五京"之一，称"南京"。金朝时，中都设在北京。元代以金的离宫（今北海公园）为中心重建新城，元世祖至元九年（公元 1272 年）改称大都，俗称元大都，亦称"汗八里"。它的浩大与繁华，让第一次走进它的意大利人马可·波罗吃惊得张大了嘴巴，然后用他的威尼斯口音转告全世界：人世间居然有如此奇幻绮丽之城。体形硕大的元帝国，终于把北京养育成了一个肥而不腻的国际大都会。

在这座城里，朱棣度过了自己的青春时代，早已与这座城血肉相融。朱棣不喜欢南京，这座由父亲朱元璋几经犹豫之后选定的都城，虽依傍帝国的经济中心、富庶之地，但它太小，太秀，太阴柔，容不下朱棣的野心。烟雨江南、吴侬软语，那么容易瓦解一个帝王的意志，使他成为一个偏安一隅的井底之蛙。那时，朱棣的视野，已超越了以黄河、长江为中心的传统"中国"地区，而放眼整个大陆。那时的亚洲大陆东段，蒙古帝国的残余势力盘踞在北方，它的版图东起松辽平原，西逾阿尔泰山，南出燕山、阴山一线，势力不可谓不强大。永乐初年，这个蒙古帝国又分为东西两部，东部为"鞑靼"，西部为"瓦剌"。建立未久的大明王朝，被迅速裹入这样一个"三国鼎立"（即明朝、鞑靼蒙古、瓦剌蒙古）的大陆格局中。在朱棣的心底，更想做唐太宗那样的"天可汗"、忽必烈式的超级帝王。在资本主义海洋霸权建立以前，这一地区，一直是东西方世界的重要交通线。而北京这座城，虽远不如南京繁华，却是北方天际线下一座"众多民族杂居""东西方文化交汇的国际性大都市"[1]。况且，他也不愿在前两位皇帝的阴影之下亦步亦趋，他要塑造一个全新的帝国——一个超越"华夷"的共同体、一个"四方来朝"的盛世，那才堪称真正的"天下"。

我十分认同韩毓海先生的观点：世界史并非是随着西洋"发现世界"的航海才被揭开的，欧洲的海洋殖民和帝国主义活动，也并非世界史唯一的、根本的动力，而在"欧洲中心论"的历史叙述中常常被忽略的，乃是横贯欧亚的大陆强权之间的交往、交融、冲突和竞争。这些交融与竞争既构成了元、明、清三个中国王朝更替的大背景，也是世界史展开的另一个重要动力，其中奥斯曼帝国、帖木儿汗国、金帐汗国、萨法维王朝与中国历代王朝之间长期的交往与博弈，亦是世界史研究者们必须考虑的头等大事。这种交往和博弈使得欧洲、西亚、中亚的政治、经济和军事影响深刻地嵌入到中国的

1　〔日〕檀上宽：《永乐帝——华夷秩序的完成》，王晓峰译，社会科学文献出版社 2017 年版，第 210 页。

地缘政治理念之中，使得中国的北方地区，成为一个被欧文·拉铁摩尔（Owen Lattimore）称为"内亚洲"或者"内亚—欧"的区域。清兴起的根本原因，也只能从蒙古、东北亚和明朝之间的多方博弈中才能找到。[1]

正如历史学家许倬云先生所说："成祖永乐颇有才能，只是除了夺取帝位及迁都北京的大动作之外，其他并无更张。"[2] 但仅仅迁都北京一项，就足以奠定他的历史地位，因为他的定都选择，使边缘成为中心，成为帝国的枢纽，才有三个世纪后（清代）东亚草原、高原地带第一次的大统一，使中华帝国同时拥有了整合草原帝国与中原帝国的两大平行体系，彼此交互影响和运作，又进而成为一个跨民族、跨文化的共同体，使中华帝国成为东亚超级大国，它的实力甚至"超过了成吉思汗全凭武力建立的大帝国"[3]。英国广播公司（BBC）在其 2017

---

1 韩毓海：《五百年来谁著史——1500 年以来的中国与世界》，九州出版社 2011 年版，第 151 页。

2 许倬云：《万古江河——中国历史文化的转折与开展》，湖南人民出版社 2017 年版，第 320 页。

3 许倬云：《万古江河——中国历史文化的转折与开展》，湖南人民出版社 2017 年版，第 402 页。

年制作的纪录片《紫禁城的秘密》（*Secrets of China's Forbidden City*）中说，朱棣定都北京，奠定了六百年后的中国在国际上的大国地位。

五

关于北京紫禁城的始建时间，史料中有永乐五年（公元1407年）和永乐十五年（公元1417年）两种记载。实际上，永乐五年和永乐十五年，是北京紫禁城营建的两个阶段。第一个阶段是"密议"阶段。那时大明王朝建立还不到40年，就已经营建了凤阳、南京两座皇城。朱棣一上台就营建第三座，如此密集的浩大工程，必将受到朝臣们的反对。因此，他纵然贵为皇帝，也只能采用迂回策略。诏书说"建北京宫殿"，并没有说是建紫禁城，也可以理解为对元故宫（也就是从前的燕王府）修修补补，作为他北狩的驻跸之所。而元朝的琼楼金阙，无疑又为营建北京紫禁城的意图提供了最佳的隐蔽手段，使大规模的采料行动和最初的营建得以瞒天过海。这一王朝机密，当时只有少数人知晓，其中就包括总揽工程事宜的泰宁侯陈珪。

铜龟

永乐七年（公元 1409 年），朱棣北狩，住在燕王府内，调动军队征讨鞑靼和瓦剌。此后朱棣大部分时间住在北京，除了军事目的以外，督造紫禁城的意图明显。由于他居住的旧宫殿同时也是新宫殿的建筑工地，因此，永乐十四年（公元 1416 年），太液池西岸的元隆福宫和兴圣宫进行翻修，以便朱棣在紫禁城建成以前居住。这一年，朱棣回南京待了几个月，目的也是腾出元故宫大内，让新宫殿的建设工程全面展开。[1]

根据故宫博物院前辈单士元先生的考证，元朝的故宫，是在永乐十三年到十四年（公元 1415—1416 年）之间被拆除的[2]。这个时间点，刚好在第二个阶段——永乐十五年紫禁城建设全面开工以前。开篇提到的萧洵，就在这时抵达北平。他担负的使命，正是拆除元故宫。建筑学家林徽因称他为"破坏使团"。然而，作为"强拆队"的一员，他身怀破坏使命，遍览元故宫之后，却萌生了对这座故宫的无限热爱与惋惜。他写《故宫遗录》，

1　参见白颖：《燕王府位置新考》，《故宫博物院院刊》2008 年第 2 期。

2　《单士元集》第 4 卷《史论丛编》，第 1 册，紫禁城出版社 2009 年版，第 136 页。

就是要让那光辉璀璨的元代皇宫，在文字和记忆里永垂不朽。

在嘈杂的拆除声中，那个曾属于元朝的世界消失了，一个以光明命名的朝代，化作一片琼楼玉宇，刷新着曾经属于元朝的空间记忆。挖护城河的河泥，也堆成一座镇山（明代称万岁山或煤山，清代称景山），以镇住前朝的"王气"，确保大明王朝的千秋万岁。它也成为这座崭新皇城的几何中心。因此，与元朝故宫相比，明紫禁城的位置向南稍稍错开了一里左右。

朱棣一生摧毁过很多事物，但他始终没有舍得拆掉自己住过的燕王府。那曾经的旧宫殿，混迹于新皇宫里，像一株老树，生根发芽。为了保存燕王府，新宫殿只能整体横移。由于燕王府西侧为太液池，西移已无空间，于是，新宫殿的中轴线只能向东推移了150米，在今天我们熟悉的那个位置上，尘埃落定。

旧宫殿（燕王府）代表着他的来路，新宫殿（明紫禁城）代表着他的去处。从旧宫殿到新宫殿，他死去活来，折腾了20年（自公元1399年开始"靖难之役"到1420年紫禁城落成），尽管空间上的距离，只有150米。

这是一次艰难的抵达。

随着新中轴线的确立，被保留下来的燕王府三座大殿，也就成了紫禁城西路的重要建筑。

为了与东路的文华殿对称，在燕王府三座大殿的南侧，又加盖了一座武英殿。这座加盖的建筑，夹在仁智殿与御河之间，离御河只有咫尺之遥。这布局，在今天看来也十分局促。

只不过在今天的故宫西路，已不见当年燕王府的仁智、大善、仁寿三座大殿，它们与武英殿的空间关系，已被岁月抹去。

中轴线的东移，使紫禁城从此不再依傍太液池。这刚好暗合着大明王朝"从'逐水草而居'的元人民风，回到汉文化尚中正平稳的农耕格局上"[1]。

六

从永乐十五年算起，紫禁城的建造，只用了三年多时间。即使从永乐五年算起，也只有 13 年左右。北京紫禁城，是明朝初建的半个多世纪里，继凤阳中都、南京

---

1 赵广超：《紫禁城 100》，故宫出版社 2015 年版，第 12 页。

皇宫之后建造的第三座皇宫了。在没有起重机、没有塔吊的明代，如此众多的宫殿，有可能在如此短的时间里建成吗？

与西方古建筑偏爱石材相比，中国古人更偏爱木构建筑。木建筑有很多优点，比如取材方便，施工便利——当然，这只是相对而言。其实，木材的获取也堪称艰辛。不同于民居的就地取材，紫禁城所需木材，大多生长在南方的深山里。伐木工把它们砍伐下来，"出三峡，道江汉，涉淮泗"[1]，从扬州入大运河，由差官一路押运到通州张家湾，再经30里旱路，运到北京朝阳门外大木厂和崇文门外神木厂存放并进行预制加工。

诏书下达后，工部尚书宋礼就风尘仆仆地奔向湖南两广辽阔的深山密林，还要造船和疏浚水道，再回来，已是13年后。

中国古人早就在建筑中使用了标准化结构，比如廊、柱、斗拱、台基，都可提前做好预制件，到现场组装。建筑就像家具，榫卯相合，天衣无缝。所以，木作又分为大木作和小木作。大木作负责建筑结构，小木作负责

---

1 （明）吕毖：《明朝小史》卷三《永乐纪》。

装修和家具。室内与室外、居住与生活，在木质的香气中浑然一体。北京五大厂，即崇文门外的神木厂、朝阳门外的大木厂、顺治门外东边的琉璃厂、顺治门外南边的黑窑厂、城内的台基厂，都是生产和存放预制建筑材料的加工厂。

比如斗拱，作用是分解大屋顶的压力，同时具有美观性。为了方便制造和施工，式样已趋于统一，尺寸也走向规范化，甚至成了衡量其他建筑构件的基本单位。将拱的断面尺寸定为一"材"，这就是中国古代建筑的材分制度。"材"，成了衡量柱、梁、枋等构件的基准量词，进而可以推算出宫殿房屋的高度、出檐的深浅等数字。这种材分制度业已形成在当时世界上堪称先进的"模数制"。有学者认为："中国传统营造，是唯一将模数（module）彻底实践出来的建筑系统。在唐代已见端倪，在宋代已经成熟。很难想象，一座房子，一套家具，一组屏风，一张画轴，一个窗，说玄一点，包括透过窗牖所见的院子风景，都和模数有关。"[1] 而紫禁城，又是整座

1　赵广超：《紫禁城100》，故宫出版社 2015 年版，第 83 页。

北京城的模数。[1]1000多年来，中国人就是这样，通过小小的模数控制了空间，进而控制了时间。

即便如此，我们依然不能否认，紫禁城的营建是中国古代建筑史上的一次壮举。所有的工匠，在联袂完成影响未来 600 年历史的经典之作。其中主要有八个专业团队，分别是瓦作、木作、石作、土作、油作、搭材作、彩画作、裱糊作，共称"八作"。

单士元先生说："当时参与施工的各工种技师，有人估计为 10 万，辅助工为 100 万，亦无各工同时并举、流水作业之可能。故宫上万间木结构房屋所用木材共有若干立方米……原来从深山伐下的荒料大树，经过人工大锯，去其表皮成为圆木，或再由圆木变成方材，柱、梁、檩、枋均刻榫卯，尺七方砖、城砖等均要砍磨。今日维修古建工具已新异，每日一人亦只能砍磨成 10 块，从数万到数千万治砖过程，亦非短时间能完成。"[2]

没有这种"模数制"，不仅朱棣重建北京紫禁城不可想象，像长城这样的"超级工程"就更会成为痴人说梦。

1　赵广超：《紫禁城 100》，故宫出版社 2015 年版，第 305 页。

2　单士元：《故宫札记》，紫禁城出版社 1990 年版，第 211 页。

正是这种"模数制",让秦始皇,以及历朝历代热衷于修筑长城的帝王——当然也包括朱棣,心里有了底气(尽管在秦代,还没有形成系统的材分制度)。因为长城,就是由一个个可以无限复制的标准件组成的。这些标准件包括墙身、敌楼、烽燧等。因此,长城如同紫禁城一样,并非一个单体建筑,而是一个复杂的建筑综合体。由此,我们可以破解长城得以在一个朝代,甚至一个皇帝的任期内完成(或重建)的秘密。

假若有一个人真的从嘉峪关走到居庸关,再走向苍茫云海间的山海关。这漫长的行旅中,他的视觉一定不会疲倦,因为长城是依托地势而建,而自西北、华北再到东北,地形的巨大变化,使得结构单调的长城处于永无休止的变化中。这就是长城的神奇之处,它匍匐在大地上,像一幅展开的手卷,潜伏着太多的曲折,包含着无限的可能——可以攀上陡坡,也可以跌入谷底;可以高悬于悬崖,也可以蛰伏在黄土中。中国建筑里,放置了太多关于空间的悬念,又对这些悬念给予了最圆满的解答。

七

朱棣最早是在永乐四年（公元 1406 年）下诏，于永乐五年开始营建北京宫殿的。但永乐五年之后，营建北京宫殿的记载却在史料中消失了，像一段隐秘，蛰伏在时光的背后。直到永乐十五年六月，有关兴工的记载才重现于史籍，造成史学界为紫禁城始建年代争论不休。

真实的情况应该是：自永乐五年至永乐十五年这十年间，宫殿的地下工程已悄然进行，构成一条"看不见的战线"。

明朝后来的权臣严嵩说："作室，筑基为难，其费数倍于木石等。"[1] 一语道出打地基的难度。在辉煌的紫禁城浮出地平线之前，打地基的工程更加艰巨。三大殿的三层石台基，面积 25000 平方米，基高 7.12 米（不包括栏板高度），地基的深度也在 7 米左右。仅这一处，开挖的总土方量，应在 20 万方左右。而整座紫禁城地基最深的地方，地基达到 16—17 米[2]。故宫的考古实勘证实，整座紫

1　《明世宗实录》卷四四七。

2　孟凡人：《明代宫廷建筑史》，紫禁城出版社 2010 年版，第 127 页。

永远护卫着宫殿的铜狮

禁城建筑在一个完整的人工地基垫层上。这些地基垫层分片构筑，又彼此连接，因此有了一个好听的名字："满堂红"。更不用说在这地基之上，还有纵横交错、条理分明的排水系统，使整片建筑足以抵拒所有的暴风骤雨。

从元故宫大内到明紫禁城，地基的位置发生了偏移，建筑规格却基本一致。比如元大内东西宽 744 米，南北长 953 米，明紫禁城东西宽 753 米，南北长 961 米，宽度和长度，分别只比元大内多了 9 米和 8 米。在这浩大的宫殿里，这样的差异几近于零。元代宫殿的面阔、进深、高度，也都与明代相合。这部分得益于工部郎中萧洵所著《故宫遗录》、尚书张允测绘的《北平宫室图》，留下了元大内的一手史料。

在建筑形式上，明紫禁城与元大内更是如出一辙。元大内崇天门与明代午门，宫城四隅的角楼，三台之上建的正殿，二者间都可以找到惊人的对应关系。明紫禁城，几乎就是元大内的翻版。那个消失的元故宫，依然活在明代紫禁城里。甚至明紫禁城中大量使用直接拆下来的元故宫构件。因此，那些消失的建筑，并没有真的消失，只是换了一种方式，活在另一个身体里。

我们当然不希望从前朝代的宫殿被肢解，希望中国历史上所有伟大的宫殿都完整地进入下一朝代，如秦代阿房宫、汉代未央宫、唐代大明宫，都能像西方的石质建筑那样，具有穿透时间的力度。但木的哲学并非如此，木建筑告诉我们，这世上没有永恒，即使西方石建筑也不能永恒，那些文明的废墟无不证明这一点。只有生命的接力，才能实现真正的永恒。层层叠叠的斗拱，正像是木头上开出的花。

在这座紫禁城的身前，有元朝的百年宫殿，在它背后，是500多年的修修补补、不断重建。因此，真正的紫禁城，并不是在朱棣主持的那三年，或者十几年中完工的，这是一项持续了600多年的工程。就像横亘在大地上的长城，不是哪一朝哪一代建成的，这一巨大工程始于先秦时代，前赴后继地，持续了2000多年。敦煌莫高窟，自南北朝至元朝，也经历了1000年层层累聚。中国古代建筑，不是一次性完成的，也不会成为一个死的标本，而是一个不断生长、新陈代谢的生命体。

我们的文明，就是在永恒的接力中，层层递进，生生不息。无论多么强大的王朝都有它的尽头，但那尽头并不是真正的尽头，正如一个生命的终结，恰恰是另一个崭新生命的开始。

三朝五门

　　紫禁城的布局采取"三朝五门"之制。这是周代就确立的一项宫殿制度，《周礼》《礼记》《仪礼》中都提出过"天子诸侯皆三朝"之说。外朝为阳，内廷为阴，奇为阳，偶为阴，所以外朝建筑布局多用奇数，比如"三朝五门"，内廷建筑多用偶数，比如乾、坤二宫（交泰殿是后加的）以及东西六宫。

　　"三朝五门"是指五道门将皇宫分为三个不同的行政区域。对于"五门"，明清的定义略有不同，明代"五门"为大明门、承天门（天安门）、端门、午门、奉天门（太和门），而清代的"五门"则是天安门、端门、午门、

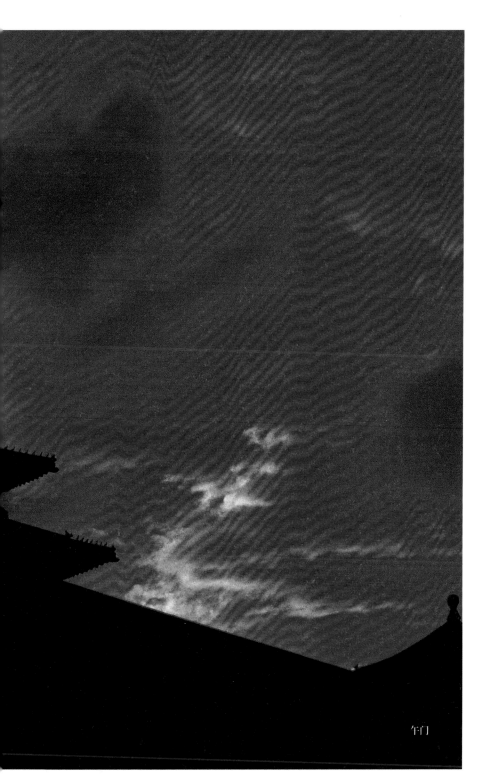

午门

太和门和乾清门。三个不同的行政区域（"三朝"）是外朝、治朝、燕朝，分别举行大规模礼仪性朝会、日常议政朝会和定期朝会。

外朝是商议国事、处理狱讼、公布法令、举行大典的场所，位于宫城南门外易于国人进出的地方。在明代，承天门（天安门）外是"外朝"。朱祁钰登基那一天，文武百官在奉天殿（太和殿）跪听即位诏书，然后鱼贯出宫，到承天门前，等待着那诏书在这里颁行天下。与此同时，诏书被仪卫官托在云盘上，从官举着黄盖，护送云盘出午门，放进事先停放好的龙亭内。銮仪卫抬起龙亭，跟在皇宫御仗后面，在乐声中走出午门、端门，然后沿着承天门北面阶梯，送上承天门。

在承天门外金水桥上站满的官员们，再一次听到了宣读诏书。之后，宣读官小心翼翼地把诏书放进礼器，沿着承天门上堞口正中，慢慢地降下。在明代，盛放诏书的礼器是一个精制的木椟；在清代，诏书则衔在一只金凤的嘴里。那金凤高二尺一寸五分，站立在镀金云朵之上，从承天门上缓缓飘落，在红墙的背景下，金光闪动。城楼下面，礼部官员恭敬地接下诏书，放回到龙亭里，护送至位于大明门东侧的礼部，刻版印刷，而后颁行天下。

　　除了颁布诏书，外朝也是皇帝对百姓发布谕旨的地方。所谓百姓，当然是选出来的代表。在明代，每月朔日（初一），那些被选出来的德高望重的老人会站在金水桥南，等候京师地方长官手捧皇帝谕旨从宫里出来，站在金水桥前宣读谕旨。谕旨内容大多简单，不外乎勿忘耕种、注意防灾之类，却是皇帝表达亲民务农思想的一种方式。以至于在明朝，没有皇帝对此怠慢，连嘉靖、万历这些懒得上朝的皇帝也基本不误。比如嘉靖十三年四月，皇帝的谕旨如下："说与百姓每，用心耕耘，毋荒……"[1]

　　端门在承天门北，与承天门形制基本相同。"端"，有端正谨严的意思。端门端端正正地横在皇城城门与皇宫城门之间，如同一座巨大的屏壁，"提示前往皇宫的人们，保持庄重的仪表和肃然的心境"[2]。

　　端门与午门之间，是一个巨大而狭长的封闭空间（可称广场或院落），是皇城到皇宫之间的过渡区域。从

1　王镜轮：《紫禁城全景实录》，紫禁城出版社 2005 年版，第4—5 页。

2　王镜轮：《紫禁城全景实录》，紫禁城出版社 2005 年版，第4—5 页。

回望午门和太和门，中轴线的东翼

内向外看，它是皇宫的外延空间；从外向内看，它则是进入皇宫前的序曲。

在端门与午门中心连线，即北京城中轴线的东西两侧，用于礼祭祖先的太庙与用于礼祭社稷的社稷坛遥遥相对。太庙代表时间的传递，社稷坛代表空间的绵延，"左祖右社"的布局，将无限的皇权收纳在礼制的约束中，又将中轴线上纵向的宫殿接力纳入到一个横向的、无限深远的时空体系中去。

午门是紫禁城的正门，无疑是皇宫最重要的一座大门，因此采用了建筑中的最高级形式。午门的台基高 12 米，比 10 米高的宫墙还高 2 米，加上门楼，午门总高 38 米，比太和殿还高。因此，在我眼里，午门更像一道幕布，一道巨大的天幕，自高空垂落下来，可放电影，把宫殿中演过的历史大戏，再投射到午门的红色墩台上。我一直有一个异想，就是在午门上演灯光秀，把它的墩台当作超大银幕，因为它刚好是一个横长的矩形，犹如一幅展开的绘画手卷，可以把特别制作的超大视频投射在上面，让历史图像与历史建筑，浑然一体。

午门沿袭唐朝大明宫含元殿以及宋朝宫殿丹凤门的形制，主楼东西有雁翅楼延伸，上有五座重楼，高低错落，左右翼然，有如大鸟展翅，所以也叫"五凤楼"。午门位于紫禁城南北轴线的正南方，也是子午线的午位，因此称为午门。古人用四种神兽对应东西南北四个方位，这四种神兽分别是青龙、白虎、朱雀、玄武，南方对应的是朱雀。丹凤门（宋朝）、五凤楼（明朝）的"凤"字，正是暗喻着朱雀的意象。

五凤楼朝天而开，过了此门，就不再是人间，而是"天朝"，所以这阙楼，被称为"天阙"。岳飞《满江红》词里曾说："待从头收拾旧山河，朝天阙。"

午门中开三门，两旁各有一掖门。中间的门，只为皇帝而打开（文武百官走东侧门，宗室王公走西侧门），只有殿试前三名，即状元、榜眼和探花，中鹄后可以从中门出宫一次。这一次的经历，也因此成为他们一生的荣耀。

内金水河

　　一进紫禁城，在开阔广大的奉天门广场（清为太和门广场），内金水河蜿蜒流过。赵广超先生说："内金水河从紫禁城西北流入，象征远接生命之源的昆仑山。在宫中蜿蜒2100多米，昼夜不舍，恰似一条长长镜廊，映照着这座皇宫六个世纪以来的人和事。"[1] 河水的圆弧，犹如女性丰满的曲线，为这庄严刚健的政治广场增添了几分阴柔之美。内金水河自神武门西边的地道进入紫禁城，沿内廷西区的宫殿墙外向东南转，辗转到武英殿前，在

1　赵广超：《紫禁城100》，故宫出版社2015年版，第43页。

奉天门广场形成一个月牙形的河道。有人说它是一条"天河"，代表着天上的银河，也有人形容它为"皇帝挽玉弓"。然后向东向北，流到文华殿后，在銮驾库的巽方流出紫禁城。

我说紫禁城是一座稳定又鲜活的城，内金水河可以作为证明。这是一条活水，连接着护城河，除了象征意义，还有诸多实用功能，比如消防、排水、用水、运输、观赏等。紫禁城的地平，北高南低，每当大雨，三大殿大台基上的螭首"千龙吐水"，无论地面上的水，还是遍布紫禁城的明渠暗道里的水，都将汇入金水河。再大的雨，内金水河的水位也只上升一米左右，它实际上是紫禁城中一座可以调节水量的小型水库。内金水河里的水，涨涨落落，内金水河上的荷花，开开谢谢，呼应着生命与自然的韵律。明宫词曰：

禁河新涨碧泓涵，
鱼鸟嬉春意自酣。
一望白萍红蓼路，
大都风景似江南。

冬日金水河

有一天，我去冰窖[1]餐厅（故宫博物院将清代皇帝用于藏冰的库房改造成餐厅）参加晚宴。从厨师那里得知，他们每年冬天还在内金水河上采冰，存入冰窖，在夏季用于冰镇餐饮。此后，每当我在凛冽的寒风中走过太和门广场，听到冰镐的声音在浩大的广场上发出空旷的回声，都会清晰地意识到，内金水河是一条历史的河，但它不是死掉的河、只能用来瞻仰和凭吊的河，它也是一条现实的、鲜活的、有生命力的河。它仍然有它的生命律动，仍然以一种秘而不宣的方式，介入我们的生活。

我想起老子的话："天下莫柔弱于水，而攻坚强者莫之能胜。"[2]水是至柔之物，却有着裂云穿石、无往不胜的力量。

有水，才有万物生焉，人民繁衍，皇帝的田才能蓬勃肥美，结出沉甸甸的果实。

内金水河上，五座内金水桥飞越而过，"对入宫百官来说无异是'上天'的白云"[3]。这五座桥，分别对应着金、木、水、火、土五行，也象征着仁、义、礼、智、信五德。金水

1　《钦定总管内务府现行则例》载："紫禁城内设冰窖五座。初有一窖，系通州冰，后一律用御河冰。"

2　《老子》第七十八章。

3　赵广超：《紫禁城100》，故宫出版社2015年版，第49页。

河名字的由来，并非因为河水是金色的，而是因为这条河自西北流入紫禁城，而西方对应的，刚好是五行里的"金"。

像内金水河一样，内金水桥也还活着，而且活得很风光。进入故宫博物院的游客，首先要聚集在内金水桥，听导游讲解，然后，迫不及待地拍照留念。桥下的河水，映出天上的流云，以及游客们好奇的面容。

但我最关心的，是五座桥象征的五德还活着吗？仁、义、礼、智、信，这维系了我们民族两千多年的精神信条，如今还有人相信吗？

用来拆分天地物质世界的五行——金、木、水、火、土，被推衍成人们精神世界里的五德——仁、义、礼、智、信。孔子最先提出仁、义、礼，孟子延伸为仁、义、礼、智。孟子曰：

> 恻隐之心，仁之端也。羞恶之心，义之端也。辞让之心，礼之端也。是非之心，智之端也。[1]

后来董仲舒又加了一个"信"，仁、义、礼、智、信

---

[1] 《孟子·公孙丑上》。

从此沉淀、凝固下来，成为我们民族公认的五德。

没有仁、义、礼、智、信，我们民族值得自豪的历史将不复存在，被鲁迅赞扬的那些埋头苦干的人、拼命硬干的人、为民请命的人、舍身求法的人都将从史册中消失，只剩下魑魅魍魉、衣冠禽兽、狐群狗党、跳梁小丑，在历史的舞台上招摇乱舞。

然而，不知有多少年，仁、义、礼、智、信被当作封建地主阶级的虚伪价值观受到批判。"黄世仁""穆仁智"，戏剧、电影里，凡十恶不赦的阶级敌人，都一律以"仁""智"来命名，观众于是同仇敌忾，对仁、义、礼、智、信充满了仇恨。时至今日，一些人连"虚伪"都不讲了，而是理直气壮、明目张胆地坑蒙拐骗。

在我们眼前，有那么多人只知道追逐现实利益，结果是恻隐之心泯灭，羞恶之心蒙羞，辞让之心隐匿，是非之心消亡。这些不仅不受指责，反而受到推崇，不仁不义、无礼无智、不守信用，似乎成了默契。人们不以为耻，反以为荣，"富贵不能淫，贫贱不能移，威武不能屈"的高贵品质反而受到嘲笑。

这是一个"胜者为王"的时代。在这个时代，人们只崇尚"胜"（其实就是金钱的"胜"），却不问"胜"的

金水桥

来路。因此，"胜者为王"的同义词是"笑贫不笑娼"。

那些"笑贫不笑娼"的人，其实连娼也不如。旧时娼妓，也是讲职业道德的，也算是勤勤恳恳，劳动致富，不像当下的一些所谓"胜者"——他们"制胜"的武器是投机，是倾轧，是欺骗。

北岛诗里写：

卑鄙是卑鄙者的通行证，

高尚是高尚者的墓志铭。

问题是，为什么卑鄙者永远能够获得通行证，而高尚者只能拥有墓志铭？

但现实环境再烂，高尚者从来都不曾缺席。

正是那些卑鄙者，凸显了高尚者的价值。

内金水桥象征的五德，犹如一条古老的箴言，横亘在紫禁城的最前方，提醒着帝国的统治者和政治精英们，别忘了中国人的基本价值观。

用仁、义、礼、智、信这五德来鉴照紫禁城里的六个世纪，不知照出它的光彩还是尴尬。

蜂拥进入故宫的人们，又有多少人，经得起仁、义、礼、智、信这面镜子的鉴照？

太和门

　　三大殿在落成三个月后被烧成一片废墟，于是朱棣在奉天门"御门听政"。"五门"中，唯有奉天门（后名皇极门、太和门）坐落在玉陛（汉白玉台阶）上，让人想起曹植的一句话"常愿得一奉朝觐，排金门，蹈玉陛"[1]，就是希望有朝一日登上玉阶，去朝觐天子。

　　奉天门的建筑形制，与传说中玉皇大帝的宫阙——"玉阶金阙"完全吻合。若它象征着来自上天的权力，那么，奉天门广场上的金水河，就代表着天上的银河，上

1　（晋）陈寿：《三国志》，中华书局 2000 年版，第 428 页。

太和门

面的五座石桥，就代表着天上的鹊桥。过内金水桥、登上玉阶的人，享受到的是人世间最大的恩宠与荣光。

佳士得香港有限公司 2010 年秋拍曾经拍卖过一件文徵明书法扇面，诗中有句"万炬列星仙杖外，千官鸣佩玉阶前"，就是描述奉天门前百官朝觐的盛大景象。

对"御门听政"的程序，《明会典》记录更加详细：

> 凡早朝，鼓起。文武官各于左右掖门外序立，候钟鸣开门。各以次进。过金水桥，至皇极门丹墀，东西相向立。候上御宝座，鸣鞭。鸿胪寺官赞入班，文武官俱入班。[1]

由此可知，皇帝早朝时，坐在奉天门中央的宝座上，玉阶下百官列队。早朝开始后，各部主要官员要站出队列，向皇帝陈述政务，皇帝一一答复，或交由官员们商议。这是那个年代的"政务公开"，也就是不同部门的官员都知道彼此的议题以及皇帝的答复。

到了清初，由于三大殿又被烧毁，自康熙始，"御

1　《明会典》卷四十四。

太和门的柱子

门听政"的地点改在乾清门。皇帝每天上下班的交通距离大为缩短，收缩到后廷的门口，"燕朝"也退至乾清门内。

在长达半个世纪的岁月里，康熙皇帝每天准时出现在乾清门。上朝的时间，春夏两季一般在卯正（早晨6点），秋冬两季一般为辰初（早晨7点）。上朝的大臣，则要提前在门前广场上站好，因此常常是摸黑入宫（尤其在冬天）。后来照顾到大臣（因为大臣要提前两三个小时到宫门外等候），朝廷的作息时间改为春夏辰初三刻（约7点45分）、秋冬辰正三刻（约8点45分）开始早朝。有大学士奏请，早朝可以每三四日一次，不必天天举行。康熙回答："朕听政三十余年，已成常规，不日上御门理事，即竟不安；若隔三四日，恐渐至倦怠，不能始终如一矣。"人都是有惰性的，所以康熙才不敢耽于安逸，严格要求自己，每天凌晨不到4点就会起床，"未明求衣，坐以待旦"。

康熙说："（朕）无他欲，惟愿天下治安，民生乐业，共享太平之福而已。"

身为创业之帝，他深知这江山得来不易，你怠慢了天下，天下就会怠慢你。

太和殿

　　明朝的"五门"全部陈列在奉天殿（后名皇极殿、太和殿）前，像一首漫长的序曲，使以奉天殿为核心的紫禁城向前延伸了 1500 米之遥，亦像一道道巨大的屏风，遮挡住紫禁城最重要的部分。中国古代建筑的空间布局与西方宫殿（如凡尔赛宫）不同，它不是开放式的，不是在人们视线的焦点上的一座巨大而独立的建筑，通过向两翼展开，展现它纪念碑式的崇高。中国古建筑不能一览无余，而是含蓄、深隐，像一出戏，被一幕幕地分割——五重宫门，分割五幕戏剧，一波三折，渐入高潮。无论民宅，还是皇宫，概莫能外。而高墙大院、重

太和殿门的装饰

重门禁的遮挡，并不会令宫殿的恢宏气势减损，相反，它们提升了人们对于墙院门楼内部世界的期待值，形成一种"先抑后扬"的效果。

皇城中轴线从大明门到景山的总长度是 5 公里，从大明门到奉天殿的总长度是 3.09 公里，两者比值 3.09：5=0.618，刚好是黄金分割的比率！

奉天殿准确地出现在这幅长卷的黄金分割点上，像音乐中的高潮，或绘画长卷的核心景观。

一个入朝者，犹如一个旅人，翻过一道道山，涉过一重重水，"五门"之间距离的远近、体量的变化，决定着穿行者心情的起承转合。然后，在山重水复之后，山穷水尽之际，穿过窄窄的奉天门，遮天蔽日的巨大屏风被突然撤掉，壮丽的奉天殿会在蓝天下突然出现，让人怵然一惊。

赵广超先生说："以中轴的整体节奏变化来看，大清门（即明朝的大明门——引者注）的含蓄是采取先抑后扬、先平淡后激昂的手法，在心理上一步步走向气势慑人的壮丽皇宫。四方贡使若是循国礼由大清门入宫，必须徒步走1500米，穿越五重大门，走过几个进深不同的广场，才到达太和殿广场，这便是传统中国宫殿'天子三朝五门'的威势。"[1]

奉天殿是中国古代建筑中等级最高的大殿，但它的等级，不仅仅是依靠它的高度、体量建立的，也不仅由飞檐上的十个吻兽（在中国古建筑中绝无仅有），以及面阔十一间、进深五间（取象九五之尊）的规制所标定的，更是通过陈列在它前面的五重门——宫殿乐章中那反反复复的"前奏"，得到强力凸显。

---

1 赵广超：《紫禁城100》，故宫出版社2015年版，第25页。

太和殿

奉天殿安坐在两丈多（8.13米）高的三层汉白玉须弥座上。从空中看，这个巨大的（25000多平方米）须弥座呈一个"土"字，刚好与奉天殿在紫禁城的金、木、水、火、土五行中所处的"土"位吻合。

这三层汉白玉须弥座有如层叠的白云，将三大殿轻托在掌心，让它们的重量骤然化减，那才叫"举重若轻"。不知那龙椅上的皇帝，可否把他的江山，这样轻松地托起来。云端深处，丹陛之上，陈列着铜龟、铜鹤各一对。铜龟粗重古拙，铜鹤纤细轻盈，它们却似几个世纪的老搭档，共同衬托着王朝的江山永固、福寿绵长。18只鼎式铜炉，象征着当时的18个行省，左右分列9鼎，承载着大禹铸9鼎的历史记忆，也暗合着王朝"鼎盛"的主题。铜龟、铜鹤身上都有活盖，腹内是空的，便于在大典时燃香。典礼时，铜龟、铜鹤、铜炉都会燃起檀香松枝。庄严的大典上，奉天殿被香雾缭绕，与如云似雾的汉白玉基座相衬托，让这来自人间的权力，有了神一样的境界。

这三座大殿中，一首一尾的奉天殿、谨身殿，俯视平面都是矩形，中间布置一个较矮小的方亭——华盖殿（中和殿），将这三座宫殿连接成一个"土"字形，而不

太和殿丹陛上的铜鹤

金碧辉煌的藻井

是三座完全平行的宫殿，使三者的组合不致陷入重复、呆板。同时，在重檐庑殿和重檐歇山殿之间加入一座四角攒尖的鎏金宝顶，也让三大殿的屋顶，呈现出高低错落的曲线之美。

奉天殿不是孤立的，只有在紫禁城这巨大的院子里，在所有建筑（包括"五门"）所组成的巨大坐标系中，才显其重要。犹如皇帝，唯有置身于权力的体系中，他才是皇帝。倘脱离了王朝的环境——像被俘的明英宗，或者私自逃离宫殿的朱厚照（下一章将讲到），他也只是一个微小的个人而已。

一个人，或者一座殿的权威，都那么依赖于一个庞大"集体"来确认。

那黄金分割点，是美的基点、秩序的基点、心理的基点、道德的基点。

奉天殿压在这个点上，仿佛一个镇纸，沉沉地压在千里江山之上。

体仁阁

一

　　博尔赫斯在《通天塔图书馆》里设想过一座巨型图书馆，收尽了人间所有的书，而且没有任何两本书是相同的。图书馆配有专职的寻找者，为找到一本书而在图书馆里疲于奔命。人们相信有一本书是所有书的总和，但人们找了一百年也没有找到这本书。

　　博尔赫斯做过图书馆的馆长，他对图书馆的想象是无穷的。其实，不止一位中国皇帝曾经有过相似的梦想，与博尔赫斯不同的是，他们有能力把梦想变成现实。

永乐元年（公元 1403 年）七月，刚刚登基的明成祖朱棣就决定编纂一部大型类书。朱棣在诏谕中说："天下古今事物，散载诸书，篇帙浩穰，不易检阅。朕欲悉采各书所载事物类聚之，而统之以韵，庶几考索之便，如探囊取物。"[1]

几年之后，书编好了。由于规模太大，难以刻印，所以由三千文士全部用明代统一的官用楷书——馆阁体一笔一画地抄写成书，入藏南京文渊阁。这部书被永乐皇帝亲自赋予一个响亮的名字：《永乐大典》。

这部前所未有的大书，总共 22877 卷，目录 60 卷，装成 11095 册，共 3.7 亿字，内容包括经、史、子、集、天文地理、阴阳医术、占卜、释藏道经、戏剧、工艺、农艺，涵盖了中华民族数千年来的知识财富，是我国最大的一部类书。《永乐大典》采择和保存的古代典籍有七八千种之多，数量是宋四大类书——《太平广记》《太平御览》《文苑英华》《册府元龟》等书的五六倍，就是清代编纂的大型丛书《四库全书》，收书也不过 3000 多种。《不列颠百科全书》称《永乐大典》为"世界有史以

1　《明太宗实录》卷二十一。

来最大的百科全书"。

英国历史学家加文·孟席斯说：当朱棣指示姚广孝率领 2180 名学者进行包罗万象、长达 4000 卷[1]的百科全书——《永乐大典》的编纂工程时，处于文艺复兴前夜的欧洲，对于印刷术还一无所知。实际上，那个时候亨利五世（1387—1422）的图书室里只有六本手抄本，其中三本还是从修道院借来的，当时欧洲最富有的商人 Floretine Francesco Datini 拥有十二本书，其中八本还都是宗教著作。

主持编纂《永乐大典》的翰林侍读学士解缙，后来因卷入朱棣之子朱高炽与朱高煦的太子之争而下了诏狱。《明史》曰："锦衣卫狱者，世所称诏狱也。"[2]永乐十三年（公元 1415 年），锦衣卫指挥纪纲向明成祖朱棣进呈在狱囚犯籍册。朱棣看见解缙的名字，问："缙犹在耶？"[3]这话问得有学问，只问解缙还在不在，没说干什么。纪纲心领神会，知道不能让解缙"在"了，回去后，便将解

1　孟席斯的数字有误。

2　（清）张廷玉等撰：《明史》，中华书局 2000 年版，第 1561 页。

3　（清）张廷玉等撰：《明史》，中华书局 2000 年版，第 2739 页。

缢灌醉，埋在雪堆里，将他活活冻死了。这是一次极具创意的谋杀，死者的身上没有留下任何凶杀痕迹，看上去极像自然死亡。那一年，解缙47岁。

永乐十九年（公元1421年），北京紫禁城已经建成，明成祖朱棣派陈循从南京文渊阁里挑选图书精品一百柜，装在十余艘大船上运到北京，入藏紫禁城。《永乐大典》也一同运来，贮存在太和殿广场东侧的文楼（今体仁阁）内。最辉煌的文化工程，就这样与最壮丽的建筑工程，合二为一。

《永乐大典》是明朝编纂的书籍，此外，还有一些重要的图书是宋元的原版书。明王朝攻下元大都时获得了这批古籍秘本，此时皆入藏北京紫禁城文渊阁内。至此，宋代以来皇室旧藏书籍已聚集在北京紫禁城内，其中包括祖制文集及古今经史子集。这一切都被明仁宗时华盖殿大学士、实录总裁官、少傅杨士奇记录在《文渊阁书目》里，证明这不是博尔赫斯式的虚构。

在今天的紫禁城里，我们可以在文华殿后找到一座文渊阁，但那是清代乾隆皇帝为贮存《四库全书》专门建造的，并不是明代的文渊阁。关于明代文渊阁的位置，历史学家们说法不一，甚至有人认为明朝文渊阁根本不

透过太和门看体仁阁

在紫禁城内。于是，那座曾经墨香四溢的文渊阁，就消失在紫禁城的宫阙楼台中，难以辨识了。后来，故宫博物院单士元先生从史料中探寻追踪，终于找出了它的位置："从銮仪卫以西各库直到清内阁大堂，都应属明文渊阁的范围。"[1] 这一区域的建筑，包括銮仪卫库、实录库、红本库、银库等，都是"外部包以砖石结构的楼房"，"在砖城楼房之西尽头为内阁大堂"。[2] 这与《可斋笔记》中"明文渊阁在午门内文华殿南，砖城，凡十间"[3] 的说法吻合。于是我们知道，明代文渊阁，并不像清代文渊阁那样是一座单体建筑，而是砖石结构的建筑群。

明代文渊阁的区域，目前并没有开放，但站在紫禁城东南角楼附近的城墙上（紫禁城午门向东至神武门的城墙已经开放），可以清晰地看见那几座石质建筑。它们依然如单士元先生所描述的，"结构都是砖城形式，门为石梁石柱，铁叶包门扇。楼分两层，上层筑长方洞口为

1　单士元：《文渊阁》，见《单士元集》第 4 卷《史论丛编》，第 1 册，紫禁城出版社 2009 年版，第 171 页。

2　单士元：《文渊阁》，见《单士元集》第 4 卷《史论丛编》，第 1 册，紫禁城出版社 2009 年版，第 171 页。

3　章乃炜等编：《清宫述闻》上册，紫禁城出版社 2009 年版，第 220 页。

窗，石柱边柱以生铁铸成直棂窗，用以采光通风，又可防盗防火"[1]。城墙上游人如织，很少有人知道，那里是明朝的文渊阁。在那里，曾有"秘阁书籍，皆宋、元所遗，无不精美，装用倒摺[2]，四周向外，虫鼠不能损"[3]。只是如今，人已去，楼已空，书不知所终。唯有院子中有几棵柿子树，在这深宫里，兀自开花结果，不知度过了多少春秋。假如在秋天，会看到许多通红的柿子，高高地悬在树端，犹如灯笼，耀眼明亮。

二

以后的时光里，这项宏伟的文化工程和建筑工程都遭遇了巨大的挑战，变得命运难卜。嘉靖三十六年（公元 1557 年），紫禁城燃起大火，三大殿成为一片火海。

1　单士元：《文渊阁》，见《单士元集》第 4 卷《史论丛编》，第 1 册，紫禁城出版社 2009 年版，第 171 页。

2　指蝴蝶装，一种书籍装订方法，始于唐末五代，盛行于宋元。装订时将印有文字的纸面朝里对折，再以中缝为准，把所有页码对齐，用糨糊粘贴在另一包背纸上，然后裁齐成书。翻阅起来就像蝴蝶飞舞的翅膀，故称"蝴蝶装"。

3　（清）张廷玉等撰：《明史》，中华书局 2000 年版，第 1567 页。

体仁阁

大火势不可挡，很快向两翼蔓延，存放《永乐大典》的文楼危在旦夕。大火照亮了嘉靖皇帝惊骇的面孔，他连下了三道金牌，命人从大火中抢出大典，于是开始了人与火的赛跑，一阵手忙脚乱之后，终于在文楼被大火吞没之前，大典被抢运出来。

嘉靖皇帝心有余悸，五年后，"殊宝爱之"的嘉靖皇帝决定为《永乐大典》复制一个"备份"，于是令大学士徐阶、高拱等，召募108名抄写员紧急抄写《永乐大典》。全体抄写人员每人每天抄写三页，历时六年，到隆庆元年（公元1567年），才将《永乐大典》全部抄完，入藏北京皇史宬（明朝的皇家档案库房）。

明亡后，《永乐大典》"永乐正本"去向不明。最大的可能是，它消失在李自成离开紫禁城时点燃的那场大火中，为那场"革命"殉了葬。[1] 所幸嘉靖"备份"一部副本，使我们今天依然可见《永乐大典》的残卷。

乾隆三十九年（公元1774年），正在参与编修《四

1　关于李自成烧毁紫禁城的程度，可参见《朝鲜李朝实录》："宫殿悉皆烧烬，唯武英殿岿然独存。"见吴晗辑：《朝鲜李朝实录中的中国史料》上编，卷五十八，中华书局1980年版。张怡《谀闻续笔》亦说："诸宫殿俱为贼毁，惟武英独存。"因此无论《永乐大典》正本存于文渊阁还是如学者张升所说的存在古今通集库，都必将葬身火海了。

库全书》的纂修官黄寿龄私自将六册《永乐大典》带回家校阅，途中遭窃。乾隆皇帝知道后大怒，说"《永乐大典》为世间未有之书，本不应该听纂修等携带外出"，将黄寿龄降一级留任，罚俸三年[1]，下令全城搜查。风声鹤唳中，盗书者将书抛在御河边，使这部分《永乐大典》得以留存。

乾隆时代，四库全书馆开馆时，存放在翰林院的《永乐大典》嘉靖副本还有9800多册（仅缺千余册）。只不过这嘉靖副本，仅仅在时间中"坚持"了两百年，到晚清，就成了强弩之末，再也无力冲破时间的堵截。咸丰、同治、光绪年间，《永乐大典》嘉靖副本已被管理人员监守自盗，据说文廷式一个人就盗走100余册。光绪二十年（公元1894年）六月，翁同龢入翰林院清查时仅剩800余册。到光绪二十六年（公元1900年）八国联军侵入北京时只剩下600余册。这硕果仅存的600余册，又在义和团和清军攻打使馆的战斗中，被付之一炬。国子监祭酒陆润庠从翰林院废墟里捡回64册，运回家中，

1　《纂修四库全书档案》二三七《谕内阁黄寿龄将书携归情尚可原著从宽罚俸三年》，乾隆四十年二月初七日。

成为《永乐大典》所剩数量最多的一批。

那些被盗走的《永乐大典》，从此开始了在世界上漂流的旅程。《庚辛记事》记载，庚子之年（公元1900年），北京崇文门、琉璃厂一带的古董店里，"收买此类书物，不知凡几"。革文书坊出售《永乐大典》八巨册，售价仅一吊钱而已。

今天，全世界只剩下《永乐大典》约400册（800余卷，均为嘉靖副本），分藏在8个国家和地区的30个机构中（其中中国国家图书馆161册，台北故宫博物院62册），总量不及全书的百分之四。

文华殿

明朝太子，最早五岁，最迟十三岁就开始接受儒家经典教育，叫"出阁讲学"。出阁讲学仪式就在文华殿举行。此后，文华殿的东厢房就成了太子的学堂，由皇帝选派的师傅讲课，这才是真正的"陪太子读书"。标志太子成年的冠礼也在文华殿举行。皇帝出巡，或者卧病，不能行使权力，就由太子监国，做"代理皇帝"，办公地点也是文华殿。因此，文华殿也被称作"太子宫"，又称"东宫"。

文华殿在紫禁城东路，东华门内。金水河自太和门广场蜿蜒而来，流向东北，进入文华殿区，化作文渊阁前的一泓池水，又转向东南，从城墙下汇入护城河。宫区的前殿即文华殿，南向，面阔五间，进深三间。根据五行原则，东方属木，阳气始生，卦象为震，合乎《易经》中"帝出乎震"的说法，因此将太子宫安置在宫殿东路。东方之神为青龙，青春青春，春是青色的，因此明代文华殿，覆盖着青色琉璃瓦顶。

文华殿的确是阳气充足之地，不知从何年开始，这里有了一片海棠树林，密密麻麻地长在殿前的空地上。在我的印象里，海棠树是庭院植物，长不了太高。我到故宫博物院工作以后才知道，海棠原也可以长成参天大树。每到4月上旬，海棠花开时节，文华殿大片大片的海棠花，浮荡在半空中，如云似锦，成为故宫春天的一大盛事，人称"海棠依旧"。后来，故宫博物院有意打造这一景观，又加种了一些海棠树，海棠树在春天花开的场面就更加壮观。文华殿前花开如海，一直蔓延到东华门。不知那些古海棠树，是因为承接了文华殿充沛的阳气才开得茂盛，还是因为那些茂盛的花树，文华殿才有了充沛的阳气。

我没有查到朱祐樘"出阁讲学"时，文华殿前有没有海棠树，我只知道，朱祐樘是闻着春天的气息成为一

文华门与海棠

名学生的。我想，朱祐樘重回"人间"，又在这充满翰墨书香的文华殿，在满朝最有学识的老师的引导下学文化，他的心里一定充满了快乐和希望。

不知他从课本里，是否读到过张载的《安石榴赋》："仰青春以启萌，晞朱夏以发采。"

青春如斯，美矣！

文渊阁

　　崇祯十七年（公元 1644 年），大明王朝在北京城漫天的火焰和憔悴的花香里消失了，带着杜鹃啼血一般的哀痛，在他们的记忆里永远定格。它日暮般的苍凉，很多年后依旧在旧士人心里隐隐作痛。

　　曾写出《长物志》的文震亨，书画诗文四绝，崇祯帝授予他武英殿中书舍人。崇祯制两千张颂琴，全部要文震亨来命名，可见他对文震亨的赏识。南明弘光元年（公元 1645 年），清兵攻破苏州城，文震亨避乱阳澄湖畔，闻剃发令，投河自尽未遂，又绝食六日，终于呕血而亡，遗书中写："保一发，以觐祖宗。"[1] 意思是，绝不剃发入清，这样才能去见地下的祖宗。

以"粲花主人"自居的明朝旧臣吴炳，在顺治五年（公元 1648 年）——按照吴炳的纪年，是明永历二年——被清兵所俘，押解途中，就在湖南衡阳湘山寺绝食而死。

对于效忠旧朝的人来说，这样的结局几乎早就注定了。两千多年前，商代末期孤竹君的两个儿子伯夷、叔齐，在周武王一统天下后，就以必死的决心，坚持不食周粟。他们躲进山里，采薇而食，天当房，地当床，野菜野草当干粮，最终在首阳山活活饿死。他们的事迹进了《论语》，进了《吕氏春秋》，也进了《史记》，从此成为后世楷模，击鼓传花似的在古今文人的诗文中传诵，一路传入清朝。这些文人有：孔子、孟子、墨子、管子、韩非子、庄子、屈原、陶渊明、李白、杜甫、白居易、韩愈、范仲淹、司马光、文天祥、刘伯温、顾炎武……

"粲花主人"饿死的时候，距离乾隆出生还有 63 年，所以乾隆无须为他的死负责。但来自旧朝士人的无声抵

1　（明）文震亨、屠隆：《长物志·考槃余事》，浙江人民美术出版社 2011 年版，第 168 页。

抗，却是困扰清初政治的一道痼疾。他们无力在战场上反抗清军，所以他们选择了集体沉默的对抗。"扬州十日""嘉定三屠"的血迹未干，他们是断然不会与屠杀者合作的。他们的决绝里，既包含着对清朝武力征服的不满，又包含着对满族这个"异族"的轻视。无论东厂、锦衣卫的黑狱，还是明朝皇帝的变态妄杀，都不能阻挡臣子们对明朝的效忠。他们对旧日王朝的政治废墟怀有悲情的迷恋，却对新王朝的盛世图景不屑一顾。他们拒绝当官，许多人为此遁入空山，与新主子玩起捉迷藏。也有人大隐隐于市，一转身潜入自家的幽花美景。江南园林，居然在这种动荡不安的时代氛围中进入了疯长期。馆阁亭榭、幽廊曲径里，坐着面色皎然的李渔、袁枚……

康熙十七年（公元 1678 年），康熙下诏开"博学鸿词"科，要求朝廷官员荐举"学行兼优、文词卓越之人"供他"亲试录用"，张开了招贤纳士的大网。被后世称为"海内大儒"的李颙，就有幸受到陕西巡抚的荐举，但他坚决不从，让巡抚大人的好意成了驴肝肺。这简直是敬酒不吃吃罚酒，地方官索性把他强行绑架，送到省城。他竟然仿效伯夷、叔齐的样子，绝食六日，甚至还

文渊阁

想拔刀自刎。官员们的脸吓得煞白，连忙把他送回来，不再强迫他。他从此不见世人，连弟子也不例外，所著之书也秘不示人，唯有顾炎武来访，才会给个面子。

顾炎武之所以受到李颙的特殊优待，是因为二人情意相通。当顾炎武成为朝廷官员荐举的目标，入选"博学鸿词"科时，他也以死抗争过，让门生告诉官员，"刀绳具在，无速我死"[1]，才被官府放过。同样的经历，还发生在傅山、黄宗羲的身上。

对康熙皇帝来说，等待并不是一个好的办法，但在这个世界上，有时除了等待，没有更好的办法了。康熙毕竟是康熙，他有的是耐心。以刀俎相逼既然没有效果，就干脆还他们自由，让地方官员厚待他们，总有一天，铁树会开花。

康熙深知，士大夫的骨头再硬，也经不住时间的磨损。时间可以化解一切仇恨，当"扬州十日""嘉定三屠"变成历史旧迹，当这个新王朝欣欣向荣的崭新气象遮盖了旧王朝的血腥残酷，他们坚硬的身段就会变得柔

1　梁启超：《中国近三百年学术史》，山西古籍出版社2001年版，第58页。

软。后来的一切都证实了康熙的先见之明。康熙大帝多次请黄宗羲出山都遭到回绝，于是命当地巡抚到黄宗羲家里抄写黄宗羲的著作，自己在深宫里，时常潜心阅读这部"手抄本"。这一举动，不能不让黄宗羲心生知遇之感，终于让自己的儿子出山，加入"明史馆"，参加《明史》的编修，还亲自送弟子到北京，参加《明史》修撰。死硬分子顾炎武，两个外甥也进了"明史馆"，他还同他们书信往来。傅山又被强抬进北京，一见到"大清门"三字便翻倒在地，涕泗横流。至于李颙，虽已一身瘦骨、满鬓清霜，却被西巡路上的康熙下旨召见。他虽没有亲去，却派儿子李慎言去了，还把自己的两部著作《四书反身录》《二曲集》赠送给康熙，以表歉疚之意。连朱彝尊这位明朝王室的后裔，也最终没能抵御来自清王朝的诱惑，于康熙十八年（公元1679年）举"博学鸿词"科，康熙二十二年（公元1683年）入值南书房……

躲进剡溪山村的张岱也没能顽抗到底，在浙江学政谷应泰的荐举下，终于出山，参与编修《明史纪事本末》。

这样的例子不胜枚举，因为它不是一个人的故事，而是一代人的故事。

他们所坚守的"价值"，正一点一点地被时间掏空。

　　毕竟，新的政治秩序已经确立，新的王朝正蒸蒸日上，"复辟倒退"已断无可能。顾炎武、黄宗羲早就看清了这个大势，所以，他们虽然有心杀贼，却无力回天。如同李敬泽在《小春秋》里所说："'大明江山一座，崇祯皇帝夫妇两口'就这么断送掉了，这时再谈什么东林、复社还好意思理直气壮？"[1]他们自己选择了顽抗到底，终生不仕，却不肯眼睁睁断送了子孙的前程。连抗清英雄史可法都说："我为我国而亡，子为我家成。"[2]清朝皇帝也是皇帝，更何况是比大明皇帝更英明的皇帝，而天下士人的第一志愿，不就是得遇明君吗？康熙正是把准了这个脉，所以才拿得起放得下。面对士人们的横眉冷对，他从容不迫。

　　当这个新生的王朝历经康熙、雍正两代帝王，平稳过渡到乾隆手中，一百多年的光阴，已经携带着几代人的恩怨情仇匆匆闪过——从明朝覆亡到乾隆时代的距离，

1　李敬泽：《小春秋》，新星出版社 2010 年版，第 153 页。

2　（清）史得威：《淮扬殉难纪略》，见张海鹏编：《借月山房汇钞》卷四十六，嘉庆十三年刻本，第 2 页。

几乎与从清末到今天的距离等长。天大的事也会被这漫长的时光所淡化，对于那个时代的汉族士人来说，大明王朝的悲惨落幕，已不再是切肤之痛，大清王朝早已成了代表中国人民的唯一合法政府，入仕清朝，早已不是问题，潜伏在汉族士大夫心底的仇恨已是强弩之末。就在这个当口，乾隆祭出了他的撒手锏——开四库馆，编修《四库全书》。

乾隆三十七年（公元 1772 年），安徽学政朱筠上奏，要求各省搜集前朝刻本、抄本，认为过去朝代的书籍，有的濒危，有的绝版，有的变异，有的讹误。比如明代朱棣下令编纂的《永乐大典》，总共二万多卷，但在修成之后，藏在书库里，秘不示人，成为一部"人间未见"[1]之书。在明末战乱中，藏在南京的原本和皇史宬的《永乐大典》副本几乎全部被毁，至清朝，已所剩无几。[2]张岱个人收藏的《永乐大典》，在当时就已基本上毁于

1　（明）沈德符：《万历野获编》卷二十五，（清）钱枋辑，钱塘姚氏扶荔山房道光七年刻本。

2　王重民：《办理〈四库全书〉档案》上卷，国立北平图书馆 1934 年版，第 6 页。

兵乱。[1] 因此，搜集古本，进行整理、辨误、编辑、抄写（甚至重新刊刻），时不我待，用他的话说："沿流溯本，可得古人大体，而窥天地之纯。"[2] 乾隆觉得这事重要，批准了这个合理化建议。乾隆三十八年（公元 1773 年），成立了四库全书馆。

只有在乾隆时代，在历经康熙、雍正两代帝王的物质积累和文化铺垫之后，当"海内殷富，素封之家，比户相望，实有胜于前代"[3]，才能完成这一超级文化工程（今人对"工程"这个词无比厚爱，连文化都目为"工程"，此处姑妄言之），而乾隆自己也一定意识到，这一工程将使他真正站在"千古一帝"的位置上。如果说秦始皇对各国文字的统一为中华文明史提供了一个规范化的起点，那么对历代学术文化成果全面总结，则很可能是一个壮丽的终点——至少是中华文明史上一个不易逾越的极限。在两千年的帝制历史中，如果秦始皇是前一千年的"千古一帝"，那么后一千年，这个名号就非

1 参见（明）张岱：《陶庵梦忆》，见《陶庵梦忆 西湖梦寻》，浙江古籍出版社 2012 年版，第 29 页。

2 （清）章学诚：《章学诚遗书》，文物出版社 1985 年版，第 176 页。

3 （清）昭梿：《啸亭续录》卷二。

乾隆莫属了。更有意思的是，乾隆编书与秦始皇焚书形成了奇特的对偶关系——在历史的一端，一个皇帝让所有的圣贤之书在烈焰中萎缩和消失；而在另一端，另一个皇帝却在苦心孤诣地搜寻和编辑历朝的古书，让它们复活、膨胀、繁殖，使它们成为这个民族的"精神原子弹"。如果从这个角度上说，乾隆应被视为中国帝制史上独一无二的君王。[1]

对于当时的士人来说，这无疑是一项纪念碑式的国家工程，因为这一浩大的工程，既空前，又很可能绝后。所有参与其中的人，无疑是在一座历史的丰碑上刻写下

---

[1] 编纂《四库全书》也有很多负面效应。为维护统治，清廷大量查禁明清两朝有所谓违碍字句的古籍。据统计，在长达10余年的修书过程中，"荦荦大者文字之狱共有三十四件"，禁毁书目3100多种（另一种说法为2855种）15万部以上。同时，还对古籍进行大量篡改，如岳飞的《满江红》名句"壮志饥餐胡虏肉，笑谈渴饮匈奴血"，"胡虏"和"匈奴"在清代是犯忌的，于是四库馆臣把它改为"壮志饥餐飞食肉，笑谈欲洒盈腔血"。张孝祥的名作《六州歌头·长淮望断》描写孔子家乡被金人占领的"洙泗上，弦歌地，亦膻腥"，其中"膻腥"犯忌，改作"凋零"。有学者认为，《四库全书》的编纂，是华夏文明空前绝后的文化浩劫，被焚毁典籍远多于收录者，而被收录者也全都遭到篡改、删节，在文化上没有什么价值，在思想上更是中国文明主体上的一次"癌变"，是对整个中国古文明毁灭的罪证，对近现代中国的负面影响深远。这也使近代中国在重建现代性过程中，没有有益的古代文化传统，是导致传统文明彻底溃败的直接渊源，是清朝对以汉族为主体的华夏文明的最彻底的破坏。

自己的名字。这座纪念碑，对于以"为往圣继绝学，为万世开太平"为己任的士人们，构成了难以抵御的诱惑。

"皖派"学术大师戴震迈向四库馆的步伐义无反顾。

乾隆二十年（公元 1755 年），戴震 33 岁，风华正茂之年，他迎来了一生的转折点。《清史稿》称他"避仇入都"。所避何仇，《清史稿》没有说，纪晓岚在戴震《考工记图注》的序文中说了，是与同族的豪门为一块祖坟起了争执，对方勾结官府，给他治罪，他连忙逃到北京。匆忙中，连衣服行李都没带。他寄居于歙县会馆，连粥都喝不上，却依旧放歌，有金石之声。戴震因祸得福，正是在这一年夏天，他结识了纪晓岚、钱大昕这群哥们儿。也正是在他们的帮助下，他的《勾股割圜记》《考工记图注》这些著作成功刻印，一举成为京城的学术名流。

尽管戴震影响巨大，但他的科举之路一直没有走通。到京 17 年后，一个天大的馅饼才掉到他的头上。由于纪晓岚向四库全书馆正总裁于敏中推荐了戴震，于敏中向乾隆帝汇报后，将他召入四库馆任纂修官。这一年，戴震已到了天命之年。

戴震就这样穿上了青蓝的官袍，由一个民间知识分子变成政府公务员。这一选择在当时士人当中还是引起了轩然大波，人们认为他是在向体制投降。戴震不为所动，因为在他看来，在体制内做学问和在体制外做学问没有什么不同，只要所做的学问是真学问。

话是这么说，但在皇帝眼皮底下搞学术，与在刀俎上舞蹈没有什么分别。皇帝的关怀，有时是危险的同义词。尽管乾隆是一个懂业务的领导，但他代表的帝王意志，依旧严峻凌厉。工作中出现的错误，不仅是学术问题，而随时可以被归结为政治问题，干得好升官，干不好杀头。征集图书最积极的江西巡抚海成，因为他征集的书里有一句"明朝期振翮，一举去清都"惹怒了乾隆，被革职拿办，后来又被处以"监斩候"，就是死缓。编书、抄书者因失误而被罚俸成了家常便饭，连总纂官纪晓岚也曾在乾隆四十五年（公元 1780 年）冬天被记过 3次。第二年，纂修周永年被记过多达 50 次。另一位总纂官陆费墀甚至被罚得倾家荡产。

因此，入馆编书，也是一项高风险职业，用今天的话说，是机遇与挑战并存。纪晓岚全身而退，并不是因为他有"铁齿铜牙"——即使他真有，也会被修理得满地找牙，而是因为他才华盖世，连乾隆都成了他的粉丝，同时不失阿Q的精神胜利法，带着一种好玩的心态看待荣辱赏罚。他还利用职务之便给自己抄了不少禁毁小说，在紧张繁忙的工作之余没事儿偷着乐。

除了最高权力者带来的震慑，戴震还要面对知识群体的谩骂。对于皇帝意志带来的学术不公正，桐城派古文家姚鼐入馆一年就扬长而去。尽管倡议成立四库馆的朱筠推荐了他的弟子章学诚，章学诚却宁肯一生潦倒也绝不入馆，更对乾隆朝的第一学者戴震嗤之以鼻，与他老死不相往来。道不同，不相为谋，但他们最终在学术史里相遇，成为大清王朝文化苍穹上两颗不灭的恒星。

应当说，戴震走的，也是一条孤绝的路，一条孤绝的学术之路，甚至是一种皈依。他了却红尘，把目光收束在苍古斑驳的经卷中。他所需要的勇气、毅力，丝毫不逊于伯夷、叔齐，不逊于顾炎武、黄宗羲，更不逊于将与他相识视为生命中"头等重大事件"[1]，却又终生不相投契的章学诚。汉人的江山被夺走了，但文化的江山还在。这个江山，谁也夺不走，不仅夺不走，那些夺了宝

---

1 余英时：《论戴震与章学诚》，生活·读书·新知三联书店2000年版，第7页。

座的帝王，还要削尖脑袋，对它顶礼膜拜。这文化，不仅考士人，也考皇帝，迈过它的门槛，才是一个合格的皇帝，也才配得上这无限江山。他们终于悟出了，一纸书页，抵得上千军万马。不知不觉之间，时代的话语权，又回落到了士人的手上。

当袁枚在遥远的江南踏雪寻梅，戴震正踏着斑驳的石砖地和砖缝里蓬勃的杂草，走向庄严的四库馆。一进馆，他被冻得发木的面孔就会舒展、丰润起来。那世界如一片丰饶的园林，让他觉得妥帖、温暖和自由，正像袁枚在湖山之间的感觉一样。袁枚的理想生活藏在随园里，正如戴震的理想生活在四库馆。戴震的世界里，"余花犹可醉，好鸟不妨眠"，那余花、那好鸟，就是他触目可及的琳琅文字。戴震贪恋着那片文字的园林，在其中游刃有余。在校勘《水经注》时，他以《永乐大典》本《水经注》为校勘通行本，凡补其缺漏者 2128 个字，删其妄增者 1448 个字，正其径改者 3715 个字，长期以来困扰学术界的经文、注文混淆的问题迎刃而解。除此，凡是天文、算法、地理、文字声韵等各方面的书，均做考订，精心研究、校订。

人各有志。无论披着布衣还是官袍，他枯瘦的身体里，都藏着一份不灭的信念，那就是对道统的坚守，对学术的信念。无论多么庄严的"政统"都有它的极限，八百年的周朝，够长久了，也有灰飞烟灭的那一天，所以他叩拜乾隆，虽五体投地，但当他瞥见御座上方那块"建极绥猷"匾，心底都会感到一种彻骨的悲凉；而周朝小民孔子创建的儒学，已经延续了两千年，超越了所有的朝代，超越了焚书坑儒的毁灭，仍然香火传递。文人身处帝王的朝廷，心里却有自己的朝廷、自己的江山——那亘古不灭的道统，是他们真正效忠的对象。一股手传手的力量，历经两千年，把戴震推向四库馆。他守着如豆的灯火，面对着先人的语言沉默不语，却感到自己的血液里有一种已经酝酿了两千年的力量。

在戴震身后，越来越多的士人奔向四库馆。当时的大学者，除戴震外，还有邵晋涵、周永年、余集、杨昌霖。徐珂写《清稗类钞》，将他们五人称为"五征君"[1]。戴震不再孤独，四库馆里，成百上千的编书、抄书者仿佛潮水，迅速淹没了他枯寂的身影。

由于字数庞大，当时又没有复印机，刊刻是不可想

1　（清）徐珂：《清稗类钞》，中华书局 1984 年版，第 301 页。

象的，抄写是最快捷的办法，于是成立了缮写处，前后聘用的缮写人员多达2840人以上。[1] 他们按照半页8行、每行21字的格式统一抄写。每书要先写提要，后写正文。两百多年后，在故宫图书馆，面对着它们的影印版，我仍然体会得到他们的细致和耐心。那一刻，我似乎听到了四库馆里，所有人都屏住呼吸，唯有笔尖齐刷刷落在纸页上的沙沙声。那种声音轻盈绵密，若有若无，一个敏感的人，能够从它们疾徐有致的节奏里，听出笔画的起承转合。纸是浙江上等开化榜纸，纸色洁白，质地坚韧。那时，定然有一只飞虫轻轻降落在某一张正在书写的纸页上，混迹于那些蝇头小字中，但缮写者的写字节奏没有丝毫的零乱。假如笔触刚好到达它停泊的位置，那悬起的笔尖一定会停顿在空中，等待它的重新起飞。

历经十年，第一部《四库全书》缮写完成。三年后，第二、三、四部抄写完成。又过六年，最后一部（第七部）《四库全书》抄完了最后一个字，装裱成书。至此，七部《四库全书》全部竣工。

1　中国第一历史档案馆编：《纂修四库全书档案》，上海古籍出版社1997年版，第1928—1929页。

乾隆皇帝下江南，一定听说过宁波范氏家族的天一阁。这是一个民间藏书家的理想国，不仅"阁之间数及梁柱宽长尺寸，皆有精义，盖取'天一生水，地六成之'之意"[1]，而且它的基本材料不是木，而是砖，因此"不畏火烛"，有很强的"抗烧性"。乾隆四十一年（公元1776年），是四库馆成立和第一部《四库全书》缮写完成中间的一个年份。这一年，风雨天一阁，这座美轮美奂的江南私家藏书楼，同时也是亚洲现存最古老的图书馆，被"克隆"到宫殿里。它不仅形制几乎与天一阁一模一样，连书架款式，都一模一样。它，就是文渊阁。

一座绿色宫殿，就这样在紫禁城由黄色琉璃和朱红门墙组成的吉祥色彩中拔地而起，像一只有着碧绿羽毛的凤凰，栖落在遍地盛开的黄花中。它以冷色为主的油漆彩画显得尤其特立独行，显示出藏书楼静穆深邃的精神品质。

它面阔六间，这在紫禁城内也是绝无仅有的，因为紫禁城内的宫殿，开间全为单数。这是取"天一生水，

<hr>

[1] （清）乾隆：《文源阁记》，李希泌、张淑华编：《中国古代藏书与近代图书馆史料》，中华书局1982年版，第17页。

地六成之"之意，表明它以水压火、保护藏书的意图，而这样的开间数里，也暗含着它与"天一阁"的联系。

文渊阁从外面看是两层，里面实为三层。下层中央明间设宝座，是经筵赐茶的地方。《四库全书》主要藏在上下层的中间三间及中层的全层，其余地方放置《四库全书考证》和《古今图书集成》。

那应该是别一种的"雅集"吧，先秦诸子、历代圣贤，都在那里聚齐，"参加"了文渊阁盛大的落成典礼。《日下旧闻考》形容："煌煌乎馆阁之宏规、文明之盛治矣。"[1] 反清绝食而死的文震亨，其《长物志》也被编入了《四库全书》，真具有戏剧性。

文渊阁，也真正地成为文化的渊薮。一个人的知识是否渊博，拉到文渊阁考一下就知道了。因为《四库全书》里边的许多书，早就绝版、失传了，别说读，许多人恐怕闻所未闻，即使有所耳闻，也是只闻其名，不见其书。只有来自皇家的动员力，才能重新发现，并把它们汇聚在一起。当乾隆第一次站在文渊阁的内部，背着

---

1 （清）于敏中等：《日下旧闻考》第一册，北京古籍出版社1983年版，第165页。

手，望着金丝楠木的书架上整齐码放的一只只书盒，心底一定充满成就感。那些书，是用木夹板上下夹住，用丝带缠绕后放在书盒中的，开启盒盖，轻拉丝带，就可以方便地取出书。乾隆还特许在每册书的首页钤盖"文渊阁宝"，末页钤盖"乾隆御览之宝"印玺，以表明自己对《四库全书》的那份厚爱。时隔两百余年，我似乎仍然听得见他黑暗中的笑声。

"克隆"藏书楼的行动并没有停止，乾隆想让它们四处开花。于是，另外六座专藏《四库全书》的藏书楼也在前后脚相继兴建，它们是：承德避暑山庄的文津阁，公元 1775 年建成；圆明园内的文源阁，公元 1775 年建成；盛京（沈阳）故宫的文溯阁，公元 1782 年建成。

它们与紫禁城的文渊阁一起，并称"北四阁"，因为它们的位置都在皇家禁地，因此也称"内廷四阁"。《日下旧闻考》称："凡以揽胜蓬山，珍储秘籍，为伊古以来所未有。"[1] 此外还有"南三阁"，分别是：镇江金山寺的文宗阁，公元 1779 年建成；扬州天宁寺的文汇阁，公元

---

1 （清）于敏中等：《日下旧闻考》第一册，北京古籍出版社 1983 年版，第 165 页。

文渊阁内景

文渊阁

71

1780 年建成；杭州西湖孤山南麓的文澜阁，公元 1784 年建成。因为它们都在江苏、浙江，因此也被称为"江浙三阁"。

全部七套《四库全书》在这七座藏书阁中安放完毕，每阁一套。七套《四库全书》，为历代文化学术成果"存盘"，也留了备份，应该说万无一失了，同时也利于使用——尤其"南三阁"，基本对民间士人开放，成为公益性图书馆，使《四库全书》与士人能够站在巨人的肩膀上。这才有了著名的乾嘉学派，读书笔记也在清代走向成熟，被清人写得有声有色。

这些笔记中，有一部名叫《鸿雪因缘图记》，是清代的一部"图文书"。它的文字作者，是嘉庆十四年（公元 1809 年）进士、金世宗第二十四代后裔完颜麟庆。在这部记录了他一生见闻的笔记中，不难寻见他对造访文汇阁的难忘记录。他去的时候，满眼的"名花嘉树，掩映修廊"，让他有了一种梦幻般的恍惚感。很多年后，当他"回忆当年充检阅时"，仍"不胜今昔之感"[1]。

---

1 （清）完颜麟庆：《文汇读书》，见《鸿雪因缘图记》第 2 集，浙江人民美术出版社 2012 年版，第 638 页。

因此,《四库全书》真正的主人,不是乾隆,而是天下士人。乾隆一生,文治武功,被称为"十全老人",没有什么事情是他办不到的,唯独在文渊阁,他看到了自己的局限。他只能瞥见《四库全书》的吉光片羽,而天下士人,则完成了对它的集体阅读。编修《四库全书》,给当时士人,尤其像戴震这样科第无门的布衣士人提供了一个至高无上的学术平台。正是在四库馆里,戴震实现了真正的自我完成,成为有清一代卓越的学术大师。许多人对清代学术不以为然,认为它过于沉溺于通经、考据。实际上,对于儒家知识分子来说,通经的目的,正是"致用"。正是借助这些古代文献,汉族知识分子站稳了自己的脚跟,建立起一个完整的思想体系,其中,戴震正是表现最为出色的一位,所以胡适说:"人都知道戴东原是清代经学的大师、音韵的大师,清代考核之学的第一大师。但很少有人知道他是朱子以后第一个大思想家、大哲学家。……论思想的透辟,气魄的伟大,二百年来,戴东原真成独霸了!"[1]

1 胡适:《戴东原的哲学》,见《胡适全集》第6卷,安徽教育出版社 2003 年版,第 481 页。

武英殿

从 1644 年到 2024 年，整整 380 年了，李自成进入紫禁城的威风，依旧被人津津乐道。就在前不久，我还在网上看到这样一个帖子，说：李自成进入紫禁城时射在承天门（即天安门）上的那一箭，至今让人血脉偾张。

那一天是公元 1644 年农历甲申年三月十八，谷雨刚过，北京突然下起了雨夹雪。开始只是稀薄的雨雾，后来越来越浓，变成寒凝的雪粒。清冷的雨丝雪粒被寒风裹挟着，抽打着人们的脸庞，令人睁不开眼。唯有李自成的军师宋献策站在雪中，望得出了神，脸上露出喜色——老天爷给力，刚好验证了他此前的占卜："十八大雨，十九辰时城破。"[1]

自清晨开始，城外响了一夜的炮声就零落下来，取而代之的，是战靴在松软的雪泥中踏过的声响。苍茫的天地之间，这座孤悬的城池果然被攻破了。根据《国榷》的记载，东直门城门破时，城墙上的大明守军如秋风落叶一般纷纷坠落。负责把守东直门的河南道御史王章战死了，把守安定门的兵部尚书王家彦跳城自杀，摔断了双腿，却还剩了一口气，被手下救下，藏匿在市民家里。他没死心，或者说他早已死了心，又趁人不备，悄悄解下腰带，自尽而亡。[2]

第二天辰时，李自成头戴毡笠，身穿缥衣，骑着乌驳马，一副英雄气概，在人群中格外显眼。他自德胜门入城，穿过大明门，一路杀到紫禁城前。仰头，"承天之门"四字赫然在目。李自成踌躇满志，扭头对丞相牛金星、军师宋献策、尚书宋企郊等人说：我射它一箭，如能射中四字中间，必为天下一主。他从牛皮箭筒中拔出一箭，砰的一声射出。细雨横斜中，那支蓄满势能的箭

1　（清）计六奇：《明季北略》，中华书局 1984 年版，第 457 页。

2　参见（明）谈迁：《国榷》，中华书局 1958 年版，第 6047 页。

武英殿

矢在克服了风的阻力之后，疾速奔向那块门匾。虽射中门匾，却不够精准，射在"天"字的下半部，最多八点五环。李自成眉头微蹙，牛金星宽慰道："中其下，当中分天下。"[1]李自成淡然一笑，没有在意，纵马率先冲入紫禁城。

马蹄在紫禁城内留下空旷的回声。偌大的紫禁城，人们死的死，逃的逃。崇祯皇帝在前一天下了第六道罪己诏，就回到乾清宫，在这座地动山摇的城池里呆呆地坐定。残酷的战事，已不在遥远的陕北高原，不在黄河边的洛阳，而是就在他的身边。喊杀声在这座城市里此起彼伏，断肢充塞着街巷，无数的伤口在同时流着血。空气中晃动着死亡的气息，像一条绞索，勒得他透不过气来。他让周皇后、袁贵妃侍奉着，斟了一杯酒。酒液滑过一道晶莹的弧线，珠圆玉润，准确地落在他的酒杯里。伴随着李自成军队的马蹄声，他看到案上的酒杯都在轻微地颤抖。他举起酒杯，一饮而尽。没有了昔日的歌舞酒筵，这酒，格外的苦涩。他一边饮，一边嘟囔："苦我满城百姓。"话音落时，两行泪水，已挂在他的脸

---

1 （清）计六奇：《明季北略》，中华书局1984年版，第456—457页。

颊上。

周皇后的胸中一定贮满了数不尽的伤感，她默然回到坤宁宫，崇祯跟随进来的时候，她已悬梁自尽了。崇祯没有丝毫惋惜的意思，只说了句："死得好！"他猛然想起已经到了出嫁年龄的长平公主，立即把她召到身前，说声"尔何生我家"，然后左袖掩面，右手抽剑，向长平公主砍去。长平公主用胳膊一挡，一声脆响之后，半截玉臂飞向宫殿的一角。崇祯没有罢手，又提着那支剑，面色狰狞地跑到昭仁殿（这座宫殿的故事，我还将在后文中详细讲述），一剑捅死了六岁的女儿昭仁公主，又舞着那支剑，砍死无数嫔妃宫娥。然后，像完成了一个重大的心愿，别无所憾，一个人抛下宫殿，披发跣足，拖着一路的血迹，逃到煤山上，投缳自尽。那一刻，才是真正的解脱。

出身草根的李自成或许很想跟出身皇家的天子照个面，这样的英雄事，连项羽都未曾做到。当年张献忠兵败降明，李自成在潼关被洪承畴、孙传庭打得落花流水，只剩下18骑逃向商洛山中，苟延残喘之际，支撑他的，或许就是这样的痴心妄想。他没有想到崇祯不给他机会。他命令部下满紫禁城寻找，也没有找到他的尸体。他的龙体，此刻正在煤山上的瑟瑟寒风中飘来荡去。

当年我写小说《血朝廷》，开头就写到崇祯的死。很多年中，我都陷入对这场悲剧的深度迷恋中，以至于这部描写清亡的小说，也要以明亡作为开篇。做皇帝，是天下豪杰梦寐以求的事，然而皇帝却是天下第一高危职业，尤其偏逢末世，皇室成员没有一个有好下场，从秦二世胡亥、隋炀帝杨广、北宋徽钦二帝，到明亡时的崇祯、弘光，再到法王路易十六及其妻子安托瓦内特皇后，概莫能外。新的王朝需要以旧王朝的血来奠基，王朝鼎革之际，不同人的命运纠结其中，犹如相反的抛物线，虽有交集，却最终南辕北辙。这样的大开大合，最能窥见幽暗的人性。

长平公主醒来的时候，宫殿外依旧响着潇潇的风雪声。就在她昏迷的这段时间里，她父亲的王朝已经落幕，新时代的帷幕即将拉开，尽管新时代的样貌，此时还被裹挟在这场凄迷的风雪中，面目不清。恍惚中，她看见闯王走到她面前说，这崇祯太残忍了，连自己的女儿都不放过，又听见他说，快把她扶到宫中，好生照料。

太子朱慈烺逃出宫殿，当他逃到自己的外公、崇祯皇帝的老岳父周奎的家门口时，周奎还在睡梦中。周奎被一阵急促的叩门声惊醒，披衣而起。当他确定门口是自己的外孙、崇祯皇帝的儿子朱慈烺时，决定多一事不如少一事，没有给他打开房门。太子拍了一阵，就失望地消失在街巷中，不巧被宦官们认出，作为一份厚礼，呈送给了李自成。

李自成看着眼前的这个年轻人，问，明朝为何丢了天下？太子答，因为误用了奸臣周延儒。太子问李自成为何不杀他？李自成答，你没有罪，我为什么要妄杀？太子说："如是，当听我一言：一不可惊我祖宗陵寝，二速以皇礼葬我父皇、母后，三不可杀戮我百姓。"[1]

这段简短的问答之后，李自成下令，把太子交给刘宗敏看管。根据张岱的记载，李自成败走京城后，太子跑掉了，在民间隐匿几个月后，又去投奔周奎，被周奎再一次检举揭发，捆绑起来，交给了大清王朝摄政王多尔衮。多尔衮叫多人来认，都说不是太子朱慈烺，后来发到刑部，活活整死了。

但朱慈烺的故事到这里还没有讲完。他的身影始终如明惠帝朱允炆那样扑朔迷离，在顺治、康熙时代，还

---

1 （清）计六奇：《明季北略》，中华书局1984年版，第458页。

有一个号称太子朱慈烺的人掀起一段反清的风浪。但这些都是传闻，为那段岁月平添了些许不平静的片断。

几天后，李自成又下令购买一具柳木棺材，将崇祯的遗体抬到东华门外入殓。百姓经过，无不掩面而泣。李自成下令，以皇家的规格，把崇祯安葬在昌平天寿山脚下的明朝诸陵中。因为来不及再建新陵，于是把田贵妃的陵寝扒开一个洞，把崇祯棺材塞进去。史书记载："是时，天地昏惨，大风扬沙如震号，日色黯淡无光。"[1]因为是明思宗的陵墓，因此命名思陵，成为十三陵中的最后一座，至今犹在。

那天，在会见行将结束的时候，朱慈烺对李自成说："文武百官最无义，明日必至朝贺。"[2]最后，他又补充了一句话，像遗言，又像忠告。

他从牙缝里挤出的最后一句话是：

"替我杀了他们。"

李自成下令清场，对于占领者来说，这是必不可少的一道程序，然而，它却成为紫禁城历史上至为惨烈的

---

1 （清）计六奇：《明季北略》，中华书局 1984 年版，第 465 页。

2 （清）计六奇：《明季北略》，中华书局 1984 年版，第 458 页。

一刻。在这座不设防的皇宫里，那些貌美如花的嫔妃宫女必将成为对胜利者的犒赏。那些不愿被辱的宫女，纷纷坠入御河。御河上漂浮着一二百具尸体，色彩浓丽，灿若荷花。

有一位姓费的宫女，匆忙投井，不想多年干旱，使水位下降，淹不死人。大兵们跑到井边，看见井下竟有美人，立即派人下井打捞。捞上来，那张脸，竟让在场所有人失了分寸，想必浴水之后，湿漉漉的裙裳紧贴在身体上，勾勒出身体的线条，更让人情不自禁，无数种肮脏的念头在肚子里打转。接下来，众士兵争先恐后，开始争抢，相互间大打出手，现场乱作一团。没有人想到，此时的她还身怀利刃，谁先近身谁倒霉。突然，宫女喊道：我乃长公主，众人不得无礼，我要见你们的首领！众人被她的厉声叫喊吓了一跳，一时无措，把她送到李自成跟前。

李自成叫那些被俘的宫女辨认她的身份，瑟瑟发抖中，宫女们说，她不是长公主。李自成似乎突然没了兴趣，把她赏赐给手下一名校尉。史书中没有记载那位倒霉的校尉的名字，只说他姓罗。罗校尉把她带出宫门，带回自己的营帐，心急火燎地正要上手，又听到那宫女的厉喝："婚姻大事，不可造次，须择吉行之。"罗校尉听罢，并没有生气，反而心头暗喜——反正是嘴边的肉，吃下它只是早晚的事，不差这一会儿。于是择吉日准备迎娶，没想到酒席之上，那宫女趁着罗校尉烂醉，抽出利刃，在罗校尉的脖颈上割出一道深深长长的刀口。鲜血混合着浓烈的酒精，从他的喉咙里吱吱地喷溅而出，在大红灯笼的映照下显得无比壮观。宫女眼见事成，一刀刺向自己的喉咙，当场咽气。

许多史料都记录了费氏女的死亡。杭州大学图书馆收藏的清初抄本《明季北略》上，有无名氏的眉批。在这段文字后面的批语是：李自成听到这个消息后大吃一惊，惊在他当时有意占有这名女子，赐给身边的校尉，不过是一闪念而已，正是这一闪念，让罗校尉做了自己的替死鬼。[1]

但是面对着如云的美女，李自成还是没有客气。李自成、刘宗敏、李过等人，瓜分了抓起来的嫔妃美女，各得30人。牛金星、宋献策等也各得数人，可谓见者有份，谁都不吃亏。其中李自成最爱窦氏，封她为窦妃。

1　（清）计六奇：《明季北略》，中华书局1984年版，第459页。

阎崇年《大故宫》说："李自成进驻紫禁城，以武英殿为处理军政要务之所。"[1] 这座宫殿始建于明初，位于外朝熙和门以西，与东边的文华殿相对称，一文一武，相得益彰。据说明成祖朱棣早年曾在这里召见大臣，他甚至把全国官员的名录贴在大殿的墙上，时时观看，以思考王朝的人事布局问题。崇祯八年（公元 1635 年），崇祯皇帝突然做出一项决定，从乾清宫搬入武英殿居住。从此减少膳食，撤去音乐，除非典礼，平时只穿青衣，直到太平之日为止。他没有想到，他没能看到太平之日的到来，自己死后，最大的对头李自成成为紫禁城新的主人，偏偏选定了武英殿。

清代于敏中等编纂的《日下旧闻考》描述："武英殿五楹，殿前丹墀东西陛九级。乾隆四十年御题门额曰武英。"[2] 东配殿叫凝道殿，西配殿叫焕章殿，后殿为敬思殿，东北角有一座恒寿斋，就是缮校《四库全书》诸臣的值房。西北为浴德堂，其名源自《礼记》中"浴德澡

1　阎崇年：《大故宫》，长江文艺出版社 2012 年版，第 167 页。

2　（清）于敏中等：《日下旧闻考》第一册，北京古籍出版社 1983 年版，第 173 页。

空旷的武英殿

身"之语，有人说是清代词臣校书的值房，也有人说，清代武英殿成为皇家内府修书、印书的场所，也就是皇家出版社，浴德堂是为其蒸熏纸张的地方。

武英殿现在是故宫博物院书画馆，但除了举办书画展览，平时并不开放，只能透过武英门，窥见它武英的一角。武英门前有御河环绕，河上有一石桥，桥上雕刻极精。周围是一片树木，有古槐18棵，在宫墙的映衬下，显得格外苍古。那一份清幽，在极少树木的紫禁城里显得格外珍贵。每逢上班，从拥挤的地铁、嘈杂的人群中挣脱出来，从西华门一进故宫，我都会向那片树林行注目礼，或者干脆走进去，听一听树枝上叽喳的鸟鸣。树枝上的鸟雀，有时会轰然而起，飞向天空，像一把种子撒向田野。它们绕着宫殿的鸱吻、觚棱盘旋，又成群结队地落下来。也有时，下班前，我会在那里驻足片刻，看暮色一点点地披挂下来，笼罩整个宫殿。那时，武英殿漆黑的剪影就像一只倒悬的船，漂浮在深海似的夜空中。很多年前，也是薄暮降临的时分，就在我站立的地方，站着大清王朝军机大臣曾国藩。他忙中偷闲，留下一首《腊八日夜直》诗，其中有这样两句：

日暮武英门外望，

并阑冰合柳枯垂。[1]

然而，此时在李自成的心里，没有一项军政要务比玩弄女性更加急迫。刚刚住进武英殿，李自成就召"娼妇小唱梨园数十人入宫"[2]。三月二十一日，李自成进入紫禁城的第三天，正像太子朱慈烺预言的那样，多达1300多名明朝官员向李自成朝贺。承天门不开，他们站在门外，被广场上的风吹了一天，双腿站得僵直，一整天没吃东西，居然连李自成的影子都没有见到。李自成正在武英殿饮酒作乐，在朝歌夜弦中飘飘欲仙。

武英殿内，玉碎香消，花残月缺。一个名叫曹静照的宫女，在离乱中逃出宫阙，流落到金陵，出家为尼，孤馆枯灯之下，写下宫词百首，充满对昔日的缅怀。其中一首是这样的：

1　（清）曾国藩：《腊八日夜直》，见《曾国藩全集》第一四册，岳麓书社2012年版，第51页。

2　参见（明）赵士锦等：《甲申纪事（外三种）》，中华书局1959年版，第9页。

掩面东风只自知，

燕花牌子手中持。

椒房领得金龙纸，

敕写先皇御制诗。[1]

姚雪垠小说《李自成》，写武英殿里的李自成被宫女侍奉着饮茶、洗脚，在烛光与水雾的掩映中，看宫女十指如葱、面如桃花，又加上博山炉里飘散出来的"梦仙香"（一种专门用来催生情欲的熏香）的威力，这位来自黄土高原的底层汉子被熏得七荤八素，半醉半醒。其中的分寸，作家拿捏得颇为妥当。这段文字，我是喜欢的，可惜接下来的描写中，李自成又成了那个农民起义军的领袖，保持着坚定的意志和纯洁的品性，在妖娆宫女的糖衣炮弹面前岿然不动，而李自成在宫殿里的荒淫举动，也就这样蜻蜓点水般地敷衍过去了。

李自成确曾是个正经人，尽管张岱说他"性狡黠"[2]，

1　（清）计六奇：《明季北略》，中华书局 1984 年版，第 463 页。

2　（明）张岱：《石匮书后集》，中华书局 1959 年版，第 381 页。

尽管《明史》说他"性猜忍，日杀人剟足剖心为戏"[1]，但是，性情狡黠与足智多谋、杀人如麻与勇冠三军有时是同义词，就看谁在说，或者在说谁。但有一点似乎是肯定的：在进入紫禁城之前，"自成不好酒色，脱粟粗粝，与其下共甘苦"[2]。至少在生活作风问题上，他始终保持着农民起义军的本色，证明姚雪垠所言不虚。

然而，从李自成进入紫禁城那一刻开始，他就变成了另一个人，一个只能用欲望勃发、自私和野蛮来形容的人。

紫禁城是一个充满规矩的地方，什么人走什么路，什么人住什么屋，都有严格规定，僭越者杀头。而这所有的规矩，都是为了保证皇帝可以不守任何规矩——所有的禁忌，只为凸显皇帝的特权。宫殿就是这样一个矛盾体：它一方面代表着礼仪秩序的最高典范；另一方面却又是野蛮的氏族公社，无论多么纯洁的女人，都注定是权力祭坛上的祭品。除了皇帝本人，宫殿里的任何男人都不能踏入那妖娆的后宫。皇帝的性特权，与无数

1　（清）张廷玉等：《明史》，中华书局2000年版，第5327页。

2　（清）张廷玉等：《明史》，中华书局2000年版，第5330页。

从门外看武英殿

人的性禁忌形成了奇特的对偶关系。或者说，只有以众人的性禁忌为代价，皇帝的性特权才能长驱直入，一往无前。

当李自成策马扬鞭，姿态豪迈地进入紫禁城，他的革命生涯就画上了一个圆满的句号。这个连横槊赋诗的曹孟德、鞠躬尽瘁的诸葛亮都不曾得到的天下，就这样像一个熟透了的果子，落在他李自成的掌心里了。厉兵秣马的岁月结束了，船靠码头车到站，除了征服女人，天下再没有什么需要他来征服了。只有女人，可以验证力比多（libido，即性力）的数量和质量；也只有紫禁城，可以成为他欲望的庇护所，因为在这里，皇帝所有的欲望都是正当的、名副其实的。李自成并不需要"梦仙香"来挑动情欲，因为整个紫禁城，就是一块巨大的"梦仙香"，处处锦幄初温，时时兽烟[1]不断。胜利者是不受谴责的，胜利者有资格耍流氓。而人性一旦堕落，立刻就深不见底。同甘共苦与酒池肉林，其实只隔着一张纸。

还有一种可能，就是李自成突然的变化里，包含着

1　指兽形香炉，一般为狮形。

一种强烈的报复心理。这也是一种复仇——凭什么"和尚摸得，我摸不得"？秀才娘子的宁式床，他当然要睡；娘娘宫娥的玉体，他当然要摸。但这并不仅仅是在向崇祯示威、向崇祯寻仇，因为自打那具曾经风流俊雅的龙体变成一堆溃烂的死肉，李自成就无须再惦记他了。

他是在向不平等复仇。对于这个在荒凉贫瘠、饿殍遍野的土地上揭竿而起的农民领袖来说，没有什么比紫禁城更能凸显这种不平等。它们犹如正负两极，彼此对称，却遥似天壤——同样是人，为什么差距这么大呢？紫禁城是金银的窖、玉石的窝，是人间仙境、神仙洞窟。当百姓易子而食、流离失所，皇帝却温香软玉，醉卧花阴。武英殿里，李自成左拥右抱，粗粝的手在女人的肌肤上反复摩擦，仿佛在探寻着他内心的真理。他爱眼前的一切，又对它恨之入骨。紫禁城，就是这样一个既让人爱，又让人恨的地方。

看陆川《王的盛宴》，有一点我是喜欢的，就是他对火烧阿房宫的解读。项羽这一破坏文化遗产的行径，历来为人诟病，但陆川借项羽之口表达了这样的逻辑：正是因为阿房宫无限的壮美，"五步一楼，十步一阁；廊腰缦回，檐牙高啄"[1]，才勾起了这些草莽英雄对于权力的渴望。所以，在影片里，项羽总是对先期抵达的刘邦是否进过阿房宫、是否见识过它耀眼的繁华耿耿于怀。他知道，无论什么人，只要见识过它，就过目不忘了。他认为——或者说，陆川认为，烧了它，就等于烧掉了人们心头的欲望和野心。陆川给了项羽一句台词："烧了它，大家都不用惦记了。"

李自成后来也烧了紫禁城，但那时他已经留不住本已属于自己的江山，他不愿意它落到别人手里，这是后话。李自成在进京42天的时间里，以大跃进的步伐走完了一个王朝由兴起到败亡的全部路程。他的成功，亦是他的失败。

1 《杜牧诗文选评》，上海古籍出版社2002年版，第4页。

内阁大堂

今天，在紫禁城内，还保留着明清两代内阁办公的院落，只是我没有查到它究竟是哪一年出现在这里的。它就在文华殿的正南。文华殿的大门（文华门）向南，内阁的正门则向西（面对午门方向），或许是为了方便大学士们从午门入宫后进入内阁吧。进内阁正门，是一座四合院。正房是内阁大堂，也叫大学士堂、大学士直舍。这紫禁城"内"的"阁"，听上去气派，实际上不过是三间黄瓦大屋，简单低调，光线不佳。大学士们埋首于文牍，即使白天，也要秉烛。政务繁忙时，更是昼夜不分，比如每逢科举殿试结束，评卷大臣们都要在内阁连夜加

紫禁城中不起眼的内阁大堂

班，封闭阅卷，在如此紧迫的空间里，度过漫漫长夜。

内阁大堂正中挂着一块匾，上书："调和元气"。这匾是清代乾隆皇帝的御笔。中书居东西两房，大学士居中，因此，人们把大学士称为"中堂"。少年时看电影《甲午风云》，电影里清代官员把李鸿章称"李中堂"，一直不知"中堂"何意。到了内阁大堂，看到真正的"中堂"，方知这原本是一种代称。建筑空间，也因此被赋予了权力的属性。

内阁大堂南边是满本房和汉本房，与内阁大堂有垂花门相隔；西厢是蒙古堂，东厢是汉票签房和相关机要房，主要有侍读拟写草签处、中书缮写真签处、收储本章档案等。内阁大堂往东，是内阁大库，一座两层库房，砖木结构，外包砖石，库顶覆以黄瓦，为砖城式建筑，是内阁收贮文书、档案的库房。明代建，建造年代同样无考。前面说过，大库建立以前，那里曾是明代文渊阁的位置。

这座内阁办公的小院目前尚未开放，但它紧依紫禁城的东南城墙，站在城墙上，从午门向东华门走，刚好可以俯视整个院落。院落里绿草如茵，古木森然。我曾看见几株柿子树，在秋天日渐凋零的树丛中格外显眼，似乎期许着内阁的一切事务皆能"事事（柿柿）如意"。

　　明清两代的许多内阁辅臣，一生中最辉煌的时期，都是在这里度过的。工作条件固然艰苦，但偶有闲暇，阁臣们也会饮茶作诗、对弈闲谈，把肃穆的大堂变作怡情养性之所。明宣宗朱瞻基曾经偶然造访这里，正逢辅臣们在下棋，便问："怎么听不到落子的声音？"臣答："棋子是用纸做的。"宣宗笑道："怎么这么简陋啊？"第二天赐给内阁大臣们一副象牙棋。据说宣宗曾在大堂的中间位置坐过，70多年后，到了弘治年间，他坐过的位置，大臣们仍不敢坐。

军机处

相比于高大宏伟的宫殿，军机处无疑是一个低调的存在。军机处原是辅佐皇帝办理日常事务的办事机构，相当于国家元首的办公厅。雍正七年（公元1729年），因用兵西北，往返军报频繁，而当时兵部所处的位置在天安门外——现在天安门广场的位置上，令心急火燎的皇帝鞭长莫及。于是在这一年元月，在宫殿中增添了这一办事机构。

后来曾任军机处章京（文书）的王昶，在《军机处题名记》中写道："雍正七年，青海军兴，始设军机房。""军机房"是初始时的名字，雍正十年（公元1732

年），更名为"办理军机处"，简称"军机处"。军机处初设时，它的权限仅限于军务。《清史稿·军机大臣年表序》说："初只秉庙谟商戎略而已。"但在皇权的护佑下，它的权力一步步扩大，由国防部，升格为总揽帝国政治、经济、军事、外交、民族、文化各项事业的最高决策机构，一切机密大政均归于军机处办理，而远在宫殿外的内阁，则沦为办理例行事务的机构。

无论是军机处的工作人员，还是雍正本人，或许都没有想到，这一临时机构在帝国的历史中存活了180年，直到1912年2月12日，隆裕皇太后在天安门上宣告皇帝退位并授命曾任军机大臣的袁世凯组建临时共和政府以前，一直是朝廷中最重要的政治枢纽。甚至在清朝覆灭后，这一传统，又以国民党中央军事委员会委员长（蒋介石）侍从室的名义得以继承和发扬。

然而，你若发现位高权重的军机处，只是隆宗门与乾清门之间那一排不起眼的板房的时候，一定会大失所望。那是一座12间的通脊长房，面积不足200平方米。无论从体量上，还是装饰上，都乏善可陈，在波澜壮阔的宫殿内部，仿佛一只漂浮的舢板，弱不禁风。

从三大殿绕过来，站在保和殿的台基上，目光自然

军机处

地向北延伸，越过乾清门华丽的琉璃檐顶，落在景山的万春亭上。而军机处，则刚好在人们视线的盲点上。无论从哪个方向看，军机处都是视线中最容易被忽视的部分。它像一条冬眠的蛇，蛰伏在乾清门一侧的宫墙下。

如今的军机处也成了一间展室，里面那张著名的通铺已去向不明，一排长长的玻璃框取而代之，里面陈列着从前的各种文牍实物。我记得很多年前自己第一次看到那张通铺时的惊讶，它几乎占据了整个房间一半的面积，因而显得格外醒目。除了它侧面的楠木饰板以外，那实在是一张再普通不过的通铺，上面摆着炕桌。在寒冷的冬夜，军机大臣们，就倚着那张炕桌，怀抱着铜质錾花暖手炉，处理帝国军机。这里曾是中国官场金字塔的顶端、一个众人仰望的权力机构。它的一端，通过一系列反反复复的奏折、文牍，与全国各地的官僚网络相连；而它的另一端，又与皇帝相连。它是宫殿系统的一个重要的组成部分，一个不可或缺的机关。只有把它握在手里，皇帝才能驱动那台庞大而沉重的权力机器，否则，国土上那些层层叠叠的衙门，就变得遥不可及。军机处处于双重体系的交合点上，它的重要性，不言而喻。

然而，权力系统内部一个如此重要的器官，却是这样隐匿在宫殿内部，不动声色。一代一代的政治明星——鄂尔泰、张廷玉、和珅、董诰、允祥、永瑆、赛尚阿、李鸿藻、奕䜣、奕劻、载漪、荣禄、翁同龢、李鸿章、瞿鸿禨、徐世昌、铁良、载沣、张之洞、袁世凯等，无一不在这一狭长的空间内闪展腾挪，对王朝政治施加影响。

它朴素得过分，实在看不出任何帝国最高决策机构的迹象，甚至与宫殿中的内阁公署、内阁大库、方略馆、内务府这些职能部门的建筑相比都相形见绌。军机处办公的地方不称衙署，仅称"值房"。军机大臣的值房称为"军机堂"。军机处的内部，除了那张大炕，青砖的地面上几乎空无一物，只有东墙下摆着两把明式椅，墙上挂着一只"喜报红旌"的木匾，看上去实在像一个"清水衙门"。不知李鸿章、张之洞、袁世凯这些曾经拥有豪华衙署的地方大员，在擢升为军机大臣后，是否对自己的"办公环境"感到满意？

如果说雍正年间设立军机处是仓促之举，那么，在以后的180年间，军机处的建筑为何没有丝毫的进步？

实际上，那些权倾朝野的军机大臣，每时每刻都处于冰火相激的状态中：一方面，作为朝廷要员，他们是神圣的，他们在那座房子里写下的每一个字都牵扯着国家的命脉；另一方面，在至高无上的帝王面前，他们只能做唯唯诺诺的磕头虫。

在外朝和内廷的夹缝中，军机大臣们仿佛被皇帝呼来喝去的伙计，无日不被召见，无日不承命办事。他们头戴顶戴花翎，器宇轩昂地出没于宫廷之间，又动作整齐地在皇帝的面前下跪。皇帝所到之处，军机大臣也无不随从在侧。他们既无品级，也无俸禄。对军机大臣的任命，没有制度上的规定可循，完全由皇帝的情绪决定。他们站在权力的高峰上，脚下却是万丈深渊。军机大臣的职务也没有制度上的规定，一切都是皇帝临时交办的，所以军机大臣只是承旨办事而已——"只供传述缮撰，而不能稍有赞画于其间"。

历史上曾经出现过两次军机处全班换人的情况，而且全部与慈禧有关。一次是咸丰十一年（公元 1861 年），在慈禧发动的宫廷政变中，咸丰皇帝留下的顾命大臣全部被废掉，变成被刽子手收割的人头，和流放地的一群孤魂野鬼。还有一次，是光绪十年（公元 1884 年），慈禧太后懿旨抵达军机处的时候，所有的军机大臣都大吃一惊："以恭王为首，包括大学士宝望、李鸿藻，尚书景廉、翁同龢在内的军机处大臣全班撤职，改换以礼王世铎为首，包括额勒和布、阎敬铭、张之万、孙毓汶、许庚身在内的另班人马。"懿旨并特别强调，遇有重大事件，须会商醇亲王办理。这次全班换人，表面原因是为法国在越南进行的战争中清军的节节败退负责，实际原因是慈禧忌惮奕䜣。因为恭亲王奕䜣外有洋人支持，内有领导剿灭太平天国之功，一股旺盛的野心，正在他的胸中熊熊燃烧。他兴洋务，建工厂，设招商局，筹建亚洲第一的中国海军，创办同文馆，办新式教育，派留学生，整饬吏治，像肃顺那样任用汉臣——帝国的十名总督，他用了九名汉臣，曾国藩、李鸿章、左宗棠、张之洞等，接二连三地，被奕䜣一手提拔起来……一个又一个中兴计划，在他的胸中酝酿，他的主人翁精神使慈禧太后——宫殿的真正主人——深感不爽，所以他必须被清除。而醇亲王——光绪皇帝的亲生父亲，在宫殿里度过一系列如履薄冰的岁月后，于光绪十七年（公元1891年）忧惧而死。所以，那排匍匐在养心殿前的简陋值房，正是军机处真实处境的视觉化体现。它只是一群官僚的临时栖身之所，一个存放牵线木偶的仓库。

同样的例子可以从纳粹德国的新柏林计划中找到，

在新柏林壮观的南北轴线上，居于中心位置的，是庞大的新总理府，成为"绝对权力的体现和化身"[1]。与它相比，议会的建筑简陋得不值一提，"在法西斯主义体制下，德国议会无足轻重"[2]。希特勒的内阁，也仿佛军机处的翻版，它只是施佩尔设计的总理府中一个普通的会议室而已，它的地理位置与故宫中的军机处出奇地相似："通过一个专用的走廊和希特勒的工作室相连，以便于元首自由进出，但希特勒极少用到它。"[3]

只有皇帝的办公室是巨大的，三大殿与四隅崇楼、东面的体仁阁、西面的弘义阁、前后九座宫门以及周围廊庑，共同构成了占地约八万平方米的巨大庭院，面积是军机处的四百至五百倍。太和殿和它前面的巨型广场，从空中俯瞰，酷似一个放大的宝座——雕花彩绘的太和殿，是龙椅的靠背；三大殿的汉白玉大台基，是它的坐

1　［英］迪耶·萨迪奇：《权力与建筑》，王晓刚、张秀芳译，重庆出版社 2007 年版，第 34 页。

2　［英］迪耶·萨迪奇：《权力与建筑》，王晓刚、张秀芳译，重庆出版社 2007 年版，第 34 页。

3　［英］迪耶·萨迪奇：《权力与建筑》，王晓刚、张秀芳译，重庆出版社 2007 年版，第 34 页。

太和殿内皇帝的龙椅

军机处

垫；两侧的廊庑，则是它的扶手。也就是说，整个宫殿、整座城池，乃至整个天下，都是太和殿中间须弥座台上那把金漆宝座的放大。它们是同构的，它们以相同的语法表明了天下的私人性质，而保和殿背后那一排军机处值房，则是龙椅上一个小小的榫卯而已。

乾清门

　　紫禁城分成外朝和内廷两个部分，紫禁城的前面（南面）是皇帝上朝的大殿，后面（北面）是皇帝、后妃们居住的后宫。所以，紫禁城的外朝（前朝）建筑，大多以"殿"相称，内廷（后宫）建筑，基本上以"宫"相称。"宫"与"殿"，始终有着各自独立的意思。《说文解字注》说，"汉时殿屋四向流水"，"无室谓之殿矣"，意思是说殿顶有四个坡面，下雨时可以让水向四面流下，而且殿的内部不分割房间，开敞而阔大，很适合公共活动。关于"宫"，《尔雅》说，"宫谓之室，室谓之宫"，"宫"与"室"是一个意思，就是平民百姓住的房子吧，不像"殿"那样宏大，那样讲究。

"宫"和"殿"的分界线，是乾清门前的那条长街，又叫横街或者天街。街的南面是外朝区域，在那里，中轴线上的三大殿和东西两侧的文华殿、武英殿构成王朝最重要的礼仪性建筑，国家大事、朝贺庆典都在那里举行。街的北面就是内廷（后宫）区域，那里是皇帝的家，皇帝的寝宫（乾清宫），处于皇后寝宫（坤宁宫）和东西六宫的包围之中，是脂粉聚集之地。

《周易》说："乾，天也，故称乎父；坤，地也，故称乎母。"乾代表着天，它在人间的代表，就是皇帝；坤代表着地，它在人间的代表，就是皇后。八卦中，乾卦为天，象征自强不息，一往无前的奋斗精神，用《象传》中的话说，就是"天行健，君子以自强不息"；坤卦为地，万物滋生，厚德载物。所以有学者说："乾清宫与坤宁宫两座宫殿一前一后的布局，就好像是一对夫妇站在那默默地进行对话一样，所以乾清宫与坤宁宫传达出来的是夫妇之道，也就是天地之道。"[1]

而乾清宫、坤宁宫之间的交泰殿，则取八卦中的泰

1　王子林：《紫禁城风水》，紫禁城出版社 2010 年版，第 147 页。

卦。泰卦之象是乾卦在下，坤卦在上。乾在下，是因为天向上升，坤在上，是因为地向下沉，因此，只有乾下坤上，刚下柔上，二者才能交融合一。否卦则正好相反，是乾在上，坤在下，天向上升，地向下沉，二者永远不能交汇。只有阴阳相合，天地交泰，才能万事通泰，安康和谐，生生不息，国祚永久；阴阳不合，万物就会阻滞不通，世道就会衰落破败，满目疮痍。于是从泰卦中，派生出许多吉祥的词语，比如：安泰、康泰、富泰、通泰、否极泰来⋯⋯

在周朝以前，天子之妻皆称为"妃"，周朝开始则称为"后"，因为皇帝的正室妻子，叫老婆、媳妇、婆姨都不合适。皇后，其实就是站在皇帝后面的那个女人，就是老百姓眼中的"内当家""贤内助"，按《周礼》的说法，叫"帅六宫之人"[1]。也就是说，皇后站在皇帝的后边，皇帝君临天下，皇后统摄后宫，如天地交融，如日月相映。因此，在以"后三宫"（乾清宫、交泰殿、坤宁宫）为主体的超大院落中，东门叫日精门，西门叫月华门，与乾清宫和坤宁宫，组成日、月、乾、坤。这种

<hr />

1　吕友仁、李正辉注译：《周礼》，中州古籍出版社 2010 年版，第 84 页。

乾清门

正对着乾清宫的乾清门

"贤内助"，不只是生活上的帮助，还有政治上的辅助。但这种政治辅助的尺度很难拿捏，既不能置朝政于不顾，又不能干预朝政，否则就成了"后宫干政"。

古人言：红颜祸水。这句话，对应着乾清宫在前、坤宁宫在后的男尊女卑。但实际的情况刚好相反，作祟的，大多是乾清宫里的男人，女人大都是被男人（魏忠贤之流，以及纵容魏忠贤的明熹宗朱由校）裹挟着进入了历史。纵然与魏忠贤同流合污的客氏（崇祯年被打入浣衣院），也不过是"从犯"而已。更何况像懿安皇后这样"性严正"[1]（有正义感）的女人，王朝的悲剧，谁又忍心让她承担？

乾坤乾坤，王朝末路中，谁人能够扭转乾坤？

1　（清）张廷玉等撰：《明史》，中华书局 2000 年版，第 2339 页。

上书房

　　雍正时代，将皇帝寝宫移到内廷西部的养心殿，皇子们的学校也改在乾清门内东侧的上书房（也作"尚书房"）。皇子们虚岁六龄，就要到上书房念书。乾隆（弘历）是上书房的第一期学生，雍正曾亲赴上书房检视孩子们的学习情况，还写下一联："立身以至诚为本，读书以明理为先。"此联后来一直挂在上书房。弘历为父皇的楹联写诗纪赞，诗曰："妙义直须十四字，至言已胜千万书。"乾隆登基后，还为上书房题写了匾额，上书四字："养正毓德"。

　　每天早上寅时，也就是3点到5点，小皇子们就会

还没有天亮时的宫殿

被太监叫醒，爬出被窝，奔向上书房。曾任军机处章京的清朝著名史家赵翼回忆，他在朝廷担任内值时，每逢早班，五鼓响过，他就要入宫。那时的宫殿，四下漆黑，风呼呼地响着，朝廷百官还没有来，只有内府的供役，像深水里的鱼，一闪而过。那时的他，残睡未醒，倚在柱子上，闭上眼睛小睡片刻。此时，已有一盏白纱灯，在黑暗中，缓缓飘入隆宗门，那是皇子在朝上书房走了。他感叹说：像吾辈这样以陪伴皇子读书为生的人，尚且不能忍受如此早起，而这些金玉一般的皇子，竟然每天都要如此。他感叹：

> 本朝家法之严，即皇子读书一事，已迥绝千古。……岂惟历代所无，即三代以上，亦所不及矣！[1]

道光皇帝即位后说："朕在上书房三十余年，无日不与诗书相砥砺。"

但毓庆宫的学习生活，不仅没把康熙皇帝的太子胤

1　（清）赵翼：《檐曝杂记》卷一《皇子读书》。

礽训练成尧舜之君，相反让他变成了一个"不法祖德，不遵朕训，肆恶虐众，暴戾淫乱"[1]的逆子。朱厚照的命运，差点在胤礽的身上重演。胤礽没能成为朱厚照，是因为他根本没有机会登上皇位。康熙在位六十年，给了胤礽自我暴露的机会，使康熙大帝两次立他为储，又两次将他废掉，最终把他囚禁在武英殿西侧的咸安宫（今宝蕴楼的位置）。两度废太子，给康熙的内心以沉重的打击，他数度老泪纵横，史书上说："上既废太子，愤懑不已，六夕不安寝，召扈从诸臣涕泣言之，诸臣皆呜咽。"[2]

道光皇帝的皇长子奕纬也是不学无术的坏学生。由于奕纬在上书房不好好学习，师生关系异常紧张。有一天，师傅劝说奕纬好好读书，将来好做皇帝，奕纬还嘴：我做了皇上，先杀了你。师傅一气之下，找来了学生家长，这家长就是道光皇帝。道光皇帝一听儿子如此对待老师，雷霆震怒。奕纬刚要跪下请安，道光皇帝就飞起一脚，刚好踢中奕纬的裆部，奕纬当时就捂着自己的命

1　（清）赵尔巽等撰：《清史稿》第三十册，中华书局1977年版，第9063页。

2　（清）赵尔巽等撰：《清史稿》第六册，中华书局1977年版，第349页。

门痛苦倒地。太监们手忙脚乱，把奕纬抬回南三所，没过几天，奕纬就在南三所断了气。

奕纬之死，同样给道光带来了无限的伤痛。连他走过武英殿东侧的断虹桥，看见桥东侧栏杆从南数的第四个石狮子，一只手捂头，一只手护在两腿之间，也会立刻想到奕纬被踢时痛苦的样子，命侍臣用红毡盖上这个狮子，不忍再看。南三所，也从此久无人居，日渐荒芜。直到17年后，也就是道光二十八年（公元1848年），18岁的皇四子奕詝和16岁的皇六子奕䜣移住南三所，道光皇帝才重新踏入这个院落，看望自己的孩子。

当然上书房里也有一些皇子学习态度认真，学习成绩优异。比如乾隆之子颙琰（后来的嘉庆皇帝）就是一个好学生，他在描述自己读书岁月时写道："夜读挑灯座右移，每因嗜学下重帏"；"更深何物可浇书，不用香醪用苦茗"。由于父皇乾隆在位时间长（60年），颙琰在上书房读书的时间长达20多年，与他的师傅朱珪结下了深厚情谊。两人虽为师生，却情同父子。朱珪因得罪和珅，调到安徽做巡抚，颙琰还与之通信，作诗唱和。嘉庆亲政后，将多年来写给朱师傅的诗作装订成两册，上册题签"蒹葭远目"，下册题签"山海遥思"，赠送给师傅。

嘉庆四年（公元 1799 年）开始亲政后，他做的第一件事情就是将恩师调回北京。朱珪返京那天，嘉庆亲自在城门外迎接。当看见衣衫褴褛、满面尘土的师傅，他竟像孩子一样痛哭流涕。

昭仁殿

　　在收拾这片旧山河的同时，清朝也开始收拾这片残破的宫殿。建筑工地从午门开始，经三大殿，一路蔓延到东西六宫。[1] 这一时期，工匠像战场上的将士一样忙碌。在紫禁城的中央，在中轴线上，有成千上万的民夫在劳作。难道这不是一场声势浩大的行为艺术吗？凡俗而卑微的民夫出现在只有皇帝才能出现的中轴线上，出现在太和殿的中央，甚至出现在摆放龙椅的搭垛上。那搭垛

1　参见姜舜源：《论北京元明清三朝宫殿的继承与发展》，见于倬云主编：《紫禁城建筑研究与保护——故宫博物院建院 70 周年回顾》，紫禁城出版社 1995 年版，第 89 页。

有一个专业的名字，叫作"陛"，实际上是皇帝上下龙椅的木台阶。此时，只有那些身份卑微的民夫才是真正的"陛下"，而皇帝，则只能偏居在紫禁城的一隅，等待着紫禁城的建成。

巨大的宫殿又重新出现在红墙的内部，与原来的部分严丝合缝。午门，顺治四年（公元1647年）重修[1]；乾清宫，顺治十二年（公元1655年）重修；而它的真正完成，则是康熙八年（公元1669年），和太和殿工程一道完工的。[2] 康熙在保和殿住到15岁，后来又在武英殿住了1年，自乾清宫重修竣工，康熙就移住乾清宫昭仁殿，在此度过了他生命中的后50余年。

吴三桂反叛的日子里，康熙就住在昭仁殿。昭仁殿在乾清宫的东侧，虽然与乾清宫相连，紧邻紫禁城中轴线，但在乾清宫这座显赫的寝宫面前，这座面阔三间的小殿还是十分不起眼。今天的游客来到乾清宫，看完了金龙盘旋的御座和御座上方康熙手书的"正大光明"匾，

1　（清）鄂尔泰、张廷玉编纂：《国朝宫史》上册，北京古籍出版社1987年版，第187页。

2　（清）鄂尔泰、张廷玉编纂：《国朝宫史》上册，北京古籍出版社1987年版，第189、204页。

就会穿过龙光门，转到它身后的交泰殿和坤宁宫去。

公元 1644 年三月十八日，那个雨雪交加的夜晚，崇祯皇帝得知内城已陷的消息，说了声："大势去矣！"就在昭仁殿，他拔剑捅死了自己的亲生女儿昭仁公主。康熙没有住在华丽轩昂的乾清宫，而是选择了偏居一隅的昭仁殿，一个重要的原因，就是清朝在四面楚歌中建立，天生就有忧患意识。康熙住在昭仁殿，那里记录着崇祯亡国的历史，有崇祯的提醒，大清王朝才不会重蹈覆辙。

那时他在昭仁殿里住了仅仅三年。他知道治大国如烹小鲜的道理，三年中的每一天，他都是如履薄冰、小心翼翼地度过的——他每天凌晨 4 点以前就起床，坐以待旦，以防止帝王的安逸生活让他趋于慵懒和麻木。

很多年后，康熙皇帝为昭仁殿写下四句诗：

雕梁双凤舞，

画栋六龙飞。

崇高惟在德，

壮丽岂为威？[1]

一个王朝的权威性不是仰仗威严的宫殿建立起来的，而是看它的行为是否受到天下百姓的拥戴。

这样提防着，凶险还是不期而至。

康熙十二年（公元 1673 年），吴三桂反叛的消息传入宫阙之前，这个帝国正按它固有的节奏有条不紊地行进着，就像一条河流，不疾不徐，却沉实而稳定。在岁月的更替中，康熙取代了顺治，一步步实现了权力的平稳过渡。不久之前，康熙皇帝刚刚根据太皇太后的旨意，加封了顺治的后妃，三位博尔济吉特氏分别被封为恭靖妃、淑惠妃和端顺妃，董鄂氏也被封为宁谧妃。[2] 对于那些宫墙深锁、罗幕轻寒的先帝宫妃来说，这样的封赏多少也是一点安慰，至少，她们没有被这宫城孤立、遗忘。

冬至这一天，康熙前往天坛圜丘祭天，又派遣官员前往永陵、福陵、昭陵、孝陵奠拜先祖。在苍茫的天地

1　（清）鄂尔泰、张廷玉编纂：《国朝宫史》上册，北京古籍出版社 1987 年版，第 208 页。

2　《圣祖仁皇帝实录》，见《清实录》第四册，中华书局 1985 年版，第 582 页。

中，他感到一丝孤独和无助，就像一个孩子，要伸手牵住长辈们的衣襟。

之后，康熙又亲率文武大臣侍卫等，前往太皇太后、皇太后所住的慈宁宫行礼，又前往太和殿，接受文武百官上表朝贺。[1]

那是宫殿中最重要的三个节日之一[2]，内廷通常要举行隆重的贺仪。昭仁殿外，乾清宫、交泰殿和坤宁宫这后三宫就仿佛微缩的天地，在雪白的台基上展开。天刚微明，内銮仪卫就已经在交泰殿左右设好了仪驾，在交泰殿檐下设中和韶乐，在乾清宫北面的檐下设丹陛大乐。中和韶乐和丹陛大乐，是清朝用于祭祀、朝会、宴会的皇家音乐，融礼、乐、歌、舞为一体，文以五声，八音迭奏，是名副其实的雅乐。乐声中显示出皇家对天神的歌颂与崇敬，也渲染出皇权的神圣与威严。

天色亮时，宫殿的轮廓一层层地自天宇下浮现出来。随着执礼太监的奏请声，皇后着礼服，仪态雍容地走出

1　《圣祖仁皇帝实录》，见《清实录》第四册，中华书局1985年版，第580—581页。

2　元旦、冬至和帝后万寿（生日）是皇宫三大节日。

坤宁宫，到交泰殿升座。她头戴薰貂吉服冠，冠上缀着朱纬，均匀地覆盖着冠顶，冠上缀着的东珠，在冬日的薄阳下熠熠发光。坤宁宫外，皇贵妃、贵妃、妃、嫔等早已在交泰殿前站好。这时，中和韵乐响起，玉振金声，在冰凉的空气中荡远。第一乐章是《淑平之章》，歌词如下：

承天地道光，

嗣徽音兮俪我皇。

椒宫壸教彰，

万国为仪燕翼昌。

彤管纪芬芳，

春云渥，

环佩锵。

安贞德有常，

敷内政，

应无疆。

……[1]

1　（清）鄂尔泰、张廷玉编纂：《国朝宫史》上册，北京古籍出版社1987年版，第86、87页。

昭仁殿

黑云压城之下的宫殿

然而，透过这平和典雅、节奏缓慢的乐曲，在大地的远方，已经荡起一片尘烟。置身太平盛世，转眼就是祸起萧墙、山河泣血。

听到吴三桂谋反的奏报时，康熙皇帝面沉似水。他是那么年轻，就像他统治的大清国，年轻、冲动，满怀理想与激情，却又要经历太多的迷乱、彷徨甚至挫败。

微小的昭仁殿，谛听得到天地日月运转的声音吗？康熙时常望着门外的风雨，遥想着在重重的宫门之外，在风雨之外，有连绵的战事正在发生。宫殿犹如江山，被凄风苦雨笼罩着，显出一派凄迷的光景。或许那时刚好有一匹载着驿卒的瘦马，跨过河水暴涨的卢沟桥，驰入风雨中的北京城，把来自穷乡僻壤的奏报，一层层地传入宫阙，呈递到他的面前。

康熙皇帝在昭仁殿里迎来了他执政生涯的最大危机。他面色沉稳，他的目光盯紧了帝国的版图，准备在这块巨大的棋盘上与吴三桂好好下一盘棋，看看到底鹿死谁手。康熙派孙延龄守广西，瓦尔喀进四川，停撤平南王尚可喜、靖南王耿精忠两藩，以团结一切可以团结的力量，同仇敌忾。那是一场看不见对手的鏖战，既考验果敢，也考验耐心。康熙和吴三桂，面孔分别深隐在紫禁城昭仁殿和昆明平西王府，相距万里，却都能感觉到对方脸上的杀气。他们各自布下的棋子，在楚河汉界排开了阵势，为争夺每一寸土地而殊死拼杀。地图上的荆州，绝对是不能丢失的一个点。这春秋时楚国的大本营，自古是天下的要冲，在江汉平原拔地而起，扼守着长江天险，自它诞生起，就几乎与战争和死亡相伴随。荆州的历史，就是一部浴血史，层层叠叠的死尸成为它成长的最佳沃土。这里是离死亡最近的地方，大意失荆州，往往会带来满盘皆输。康熙召见议政大臣等，说："今吴三桂已反，荆州乃咽喉要地，关系最重。著前锋统领硕岱带每佐领前锋一名，兼程前往，保守荆州，以固军民之心，并进据常德，以遏贼势。"[1]

吴三桂棋先一着，康熙紧随其后，落子无悔。他们各自的棋子犹如一场疾雨，在帝国的大地上散开，随即隐没在那一片焦枯的土地上。

一时间，康熙无事可干，他感到极度紧张之后的突然放松。等待不是最好的办法，但有时，除了等待，没

1　《圣祖仁皇帝实录》，见《清实录》第四册，中华书局1985年版，第585页。

有更好的办法了。

昭仁殿静谧无声，这寂静，也是一种彻骨的煎熬。

本来，吴三桂用不着再反了。

南明永历帝的死，标志着吴三桂的复仇大业已经圆满完成。他心目中的仇人，一个个地从世界上消失了，变成尸体，变成灰渣，变成微量元素。他剿杀了李自成，扫平了山陕等地的贺珍叛乱和甘肃的回民起义，彻底铲除了南明的流亡政权。在完成个人复仇的同时，他顺便也帮大清朝荡平了天下。

康熙登基那年，清朝的最后一个政敌——永历，已经被吴三桂在昆明篦子坡活活勒死了。所有的动荡，所有的离乱，似乎都因永历的死而宣告了终结。爱也爱了，恨也恨了，无论吴三桂，还是这个在战火中煎熬已久的国度，都应该歇歇了。

我相信在这段时期，无论昭仁殿里的康熙皇帝，还是镇守云南的吴三桂，都度过了各自生涯中最轻松、最惬意的时光。一座座崭新的宫殿在紫禁城内重新伫立起来，以宏大的规模宣示着这个王朝的野心。吴三桂也不甘落后，建造气势恢宏的平西王府。在遥远的云南红土地上，楼宇派生出楼宇，亭台复制着亭台。值得一提的是，王府的选址不在别的地方，而是恰在永历皇帝的故宫——五华山故宫。

当时有人这样描写吴三桂王府之富丽："红亭碧沼，曲折依泉，杰阁崇堂，参差因岫，冠以巍阙，缭以雕墙，袤广数十里。卉木之奇，运自两粤；器玩之丽，购自八闽。而管弦锦绮以及书画之属，则必取之三吴，捆载不绝，以从圆圆之好。"[1] 陈圆圆当年"牵罗幽谷，挟瑟勾栏时"[2]，怎会想到今天的光景！

除了王府，吴三桂还大肆兴建花园，比如王府西面的安阜园，广达数十里，流水碧波，有虹桥飞架，园内亭台楼阁，高达百余丈，园中松柏，也高达三丈。他在园中建了一座万卷楼，收藏古今书籍，"无一不备"。当然他还收集美女，为此他派遣专人，到"三吴"地区挑选美女，后宫之选，不下千人。在自己的地盘上，吴三桂建立了一个属于自己的乐土。每逢宴乐，吴三桂就会拿出自己的笛子，幽幽地吹起来，身边的宫人美女们窃

1　（清）钮琇：《觚剩》，上海古籍出版社 1986 年版，第 72 页。

2　（清）钮琇：《觚剩》，上海古籍出版社 1986 年版，第 70 页。

窈伴舞歌唱。歌舞罢，吴三桂就命人重金赏赐，看到美女们争抢金银珠玉的身影，吴三桂放声大笑。

但吴三桂毕竟是一个重情义的人，无论他活得多么没心没肺，都没有忘记陈圆圆，因为她是他生死相依的伴侣，即使她曾被刘宗敏霸占，也没有影响他对她的爱意。这份感情，应当说难能可贵了。当朝廷降旨，将亲王的正室以妃相称的时候，吴三桂头一个心思就是把妃的名号赐给陈圆圆。陈圆圆说：妾以章台陋质，得到我王宠爱，流离契阔，幸保残躯，如今珠服玉馔，依享殊荣，已经十分过分了。如今我王威镇南天，正是报答天恩的时候，假如在锦绣当中置入败絮，在玉几之上落下轻尘，这岂不是贱妾的罪过吗？贱妾怎敢承命？[1]

的确，陈圆圆所要不多，油壁车、青骢马，几经离乱之后，从前的梦想都化作了现实，化作眼前的良辰美景，她还有什么奢求呢？至于王妃的封号，她是承担不起的，吴三桂这才把它给了自己的正室张氏。

但他还是为陈圆圆专门修建了一座花园，名字叫"野园"，在昆明北城外，是一片阔大的花园。美人似水，

1　（清）钮琇：《觚剩》，上海古籍出版社1986年版，第71—72页。

佳期如梦，在这繁花似锦的春城，他无须再想死亡和离别。在碧园清风中入睡，睡时陈圆圆在他身边，醒时陈圆圆还在他身边。无论是梦，还是醒，都不能把他们分开了。怀抱陈圆圆的吴三桂，拥有的岂止是美色，更是一番人世有情的温慰。有情人终成眷属，两情缠绻间，他此时的幸福，就像他的权力一样坚固。他可以完全凭借自己的意志来拼搭梦幻的楼台，他的梦没有人能撼动。

那段日子里，吴三桂常来野园，用月光下酒。酒酣时，陈圆圆会唱上一曲。歌声悠扬清婉，那是属于他们自己的"中和韶乐"，不是用来修饰辉煌的仪仗，而是诉说他们内心的幽情。"冲冠一怒为红颜"，那已是 20 多年前的旧事了，吴三桂已不是那个怒发冲冠的少年，陈圆圆也已不是当年的美少女。她虽已年届四旬，却依旧额秀颐丰、容辞闲雅，风韵丝毫未减。吴三桂听得动情，就会拔出宝剑，随歌起舞。陈圆圆歌唱，吴三桂舞剑，两个人的眼角，都漾着几点泪花。

但吴三桂想错了，他的世界貌似坚不可摧，实际上不堪一击。他的奶酪，并非无人能动。那个人，就是万里之外的康熙大帝。

吴三桂太迷信自己手中的实力，这种实力给他带来一种虚妄的安全感——天高皇帝远，他与康熙至少是井水不犯河水吧。但他穿金戴银，吃香喝辣，搜刮民脂民膏，俨然成了一方诸侯，他的安全感，分分钟就会被皇帝撕碎。

——假若皇帝调虎离山，召他进京述职，哪怕是召他入宫寒暄叙谈，他能抗旨吗？

一入深宫，他岂不就成了皇帝砧板上的鱼肉？

就像孙悟空，终究逃不出如来佛的手掌心。

红亭碧沼，那是吴三桂的乐园，更是他的陷阱。

失乐园，是他无法抗拒的命运。

吴三桂走到了他政治生涯的顶峰，从那顶峰坠落下来，也只是转眼间的事情。

一个朝代，一个人，都是如此。

康熙削藩的圣旨一到，他才如梦初醒。

这片浩大的国土上，吴三桂的兵马常来常往，不知杀过几个来回了。当年率清军杀过长江的那份豪情还历历在目，这一次，他几乎是按着原路杀回去的。这逆向的旅程里，似乎包含着他对自己过去历程的否定。对他而言，否定之否定的结果并不是肯定，而是虚无。他的节节胜利，遮掩不住他的迷茫与空虚。

他的心是空的。

没有正义，没有爱。

他的心是空的，即使拥兵二十万也不能给他带来力量感。一望见长江北岸，他立刻感到一阵心虚。

一瞬间，他感到自己就像一个被抽干了血液的行尸走肉，没有勇气再踏上北方的土地了。他不敢再与昨日的自己相遇，更不敢面对康熙的面孔。在军事形势最有利的时候，他突然间崩溃了，只希望长江天险可以保住他的小朝廷。

吴三桂的联合大军很快分崩离析了，因为人们很快看出来，吴三桂起兵的目的，并不是为从前的明朝复仇，而是为他自己。

一切都应验了康熙对吴三桂的咒骂："吴三桂反复乱常，不忠不孝，不义不仁，为一时之叛首，实万世之罪魁……"[1]

吴三桂连一片道义的遮羞布都找不到，他的霸业也

1　《圣祖仁皇帝实录》，见《清实录》第四册，中华书局 1985 年版，第 606 页。

就没了支撑。战局很快急转直下，吴三桂从高歌猛进到一败涂地，他的赌博很快失去了成功的希望。

康熙十七年（公元 1678 年）三月初一，吴三桂在衡州[1]匆匆登上帝位，服衮冕行登基之礼时，突然天降大雨，仪仗、卤簿被大雨冲得东倒西歪。看来他的"钦天监"工作不称职，天气预报做得极差，而他那名义上的"帝国"也像凄风苦雨中的典礼一样，草草收场了。

三个月后，郁悒寡欢的吴三桂突然中风，后患上痢疾，狂泻不止，没等孙子吴世璠赶到衡州，就咽了气。

这一年，他 67 岁。

北京的天气也格外异常，只不过与凄风苦风中挣扎的衡州相反，帝国的北方不是涝，而是旱。大旱持续了很久，让康熙这位上天之子感到很没面子。显然，上天代理人的角色并不好当，一场自然灾害，就能让"君权神授"这一美丽的神话露出破绽。老天不靠谱，把皇权维系在老天身上更不靠谱。六月里，康熙给礼部的谕旨，几乎成了一份深刻的自我检查：

---

1 今湖南衡阳。

人事失于下，则天变应于上。……今时值盛夏，天气亢旸，雨泽维艰，炎暑特甚，禾苗垂槁，农事堪忧。朕用是夙夜靡宁，力图修省，躬亲斋戒，虔祷甘霖，务期精诚上达，感格天心……[1]

　　关于旱灾的奏报堆满了康熙的案头，昭仁殿里，康熙终于坐不住了。丁亥这一天，康熙皇帝庄重地穿好礼服，面色凝重地走出昭仁殿，前往天坛祈雨。

　　《清实录》记录下了这不可思议的一幕——就在康熙行礼时，突然下起了雨。[2] 雨滴开始还是稀稀落落，后来变成绵密的雨线，再后来就干脆变成一层雨幕，在地上荡起一阵白烟。地上很快汪了一层水，水面上雨滴爆豆般地跳动着。我猜想那时浑身湿透的康熙定然会张开双臂，迎接这场及时雨。他一定会想，老天爷没有抛弃自己，或者说，自己的精诚所至，感动了上天，给了这个

1　《圣祖仁皇帝实录》，见《清实录》第四册，中华书局 1985 年版，第 950 页。

2　《圣祖仁皇帝实录》，见《清实录》第四册，中华书局 1985 年版，第 950 页。

帝国新一轮的生机。对于战事沉重的帝国，没有比这更好的兆头了，康熙步行着走出西天门。那一刻，他一定是步伐轻快，胜券在握。

三年后（公元1681年）的金秋十月，被城墙阻挡数月的清军终于涌进昆明城。望着黑压压的清军，大周帝位的继任者、年仅16岁的吴世璠将一把利刃干脆利落地插进自己的脖颈。吴家被灭门，包括襁褓中的婴儿，只有吴三桂爱妾们洁白的身体在清朝将军们粗壮的臂膀间蠕动挣扎，屈辱地苟且偷生。

大雪飘飞的时节，又有几匹飞驰的驿马闯过北京深夜无人的街道，向大清门冲去。速度之快，让巡夜兵丁的嘴巴张成了圆形。昭仁殿内，康熙在睡梦中骤醒，披衣而起时，太监刚好将快报呈上来。他双手颤抖着将它打开，这一次他看到的，是清军克复昆明的捷报。康熙大帝会喜极而泣吗？他在这座宫殿里苦等了九年，当那个年仅19岁的稚嫩天子已经挺立成了28岁的坚硬汉子时，终于等来了属于自己的胜利。九年中，他几乎没有一夜安寝过，那些断断续续的夜晚，充斥着失望、迷茫、焦躁甚至悔恨，但捷报到来时，所有这一切都烟消云散了。只有穿透那些漫长而污浊的夜晚，年轻的他才能看到天地之澄澈、人生之壮丽。他走到案前，抽出一支笔，一挥而就写下一首七言诗：

洱海昆池道路难，

捷书夜半到长安[1]。

未矜干羽三苗格，

乍喜征输六诏宽。

天末远收金马隘，

军中新解铁衣寒。

回思几载焦劳意，

此日方同万国欢。[2]

此时，"云南等处俱已底定，天下永归太平"。康熙神色庄重地祭告了天地、太庙、社稷，十二月初八，康熙密谕奉天将军安珠瑚，命其筹备圣驾前往盛京[3]，祭拜先祖。密谕中说：

1　长安，借指北京。

2　《康熙御制诗选》，春风文艺出版社 1984 年版，第 38 页。

3　今辽宁省沈阳市。

盛京者，祖宗开创根本重地。朕时思念不忘。今值天下晏安，意欲躬诣山陵告祭。前幸盛京时，未至永陵 [1] 致奠，迄今尚歉于怀。兹若果往，当身历其处，仰瞻祖宗发祥旧址。[2]

唯一的遗憾，是吴三桂的坟墓，清军一直没有找到。虽有人提供线索，但挖出的都是伪墓。有一天，他们甚至一口气挖出了 13 副尸骨，因为无法分辨，索性一把火烧了。

吴三桂活不见人，死不见尸，就像一缕青烟，从人间蒸发了。

他消失得如此干净，好像他从来不曾到人世间来过。

又一个春天降临到昆明城时，野园已成了真正的野园，满庭清寂，芳草萋萋，昔日的明眸皓齿、舞袖歌扇早已不见了踪影，只有片片花瓣，从秋千架前，悠然飘过。

---

1 永陵，在辽宁省新宾满族自治县，为清太祖努尔哈赤以上四代父祖的陵寝。

2 《圣祖仁皇帝实录》，见《清实录》第四册，中华书局 1985 年版，第 1244 页。

乾清宫

乾清宫的"正大光明"匾，照耀着一代一代的大清帝王茁壮成长。清朝的帝王与历朝历代一样，都有一个可复制的"模板"，只要如法炮制，就可以成为一个合格的君王。但无论帝王的勤政，还是他们对接班人近乎苛刻的挑选、培训，都没能留住"盛世"，守住他们的太平岁月。那些密密麻麻刻写在建筑装饰中的吉祥符号，也没能阻止这个王朝向着末世一路狂奔，最终，还是逃不过一场败亡。

道光难道不是一个好皇帝吗？公元 1820 年，嘉庆在避暑山庄病殁，道光继位。很少有人想到，道光也是清

乾清宫内龙椅

代帝王"模板"生产出来的标准化产品，像他的父辈一样艰苦朴素，厉行节俭，继位之初就下旨减少皇帝的娱乐活动，将皇家文工团——升平署一再缩编，甚至想干脆把它裁撤掉，以节约政府开支。他使用的只是普通的毛笔、砚台，每餐不过四样菜肴，衣服穿破了就打上补丁再穿，宫室营造仅限于维修水平。只有在平定张格尔叛乱之后，他喜不自禁，决定"奢侈"一次，大宴有功将领，但也只是加了几道小菜，将领们一扫而光，然后面面相觑，无所适从。[1]

但正是这个道光，下令签署了中国历史上第一个不平等条约——《南京条约》，揭开中国半殖民地半封建社会的不堪历史。每个中国人，都会从课本上学到这痛彻肺腑的一章。

曾经耀眼的繁华，倦勤斋藏不住，紫禁城关不住，它终将流逝，似水无痕。

归根结底，清初的奠基者们，只留下了物质的遗产，而没有留下制度的遗产，因此，所谓的盛世也只能是天

1 参见朱诚如主编：《清朝通史》第十一卷，紫禁城出版社 2003 年版，第 56 页。

乾清宫

时、地利、人和所成就的一种偶然，而无法得到制度的保障。最终，任何有形的遗产都是竹篮打水。

前文说过，家天下的政治结构，使执政者只能从家族成员中挑选，即使有科举制度源源不断地提供政治精英作为政权的补充，但在君君臣臣的政治结构中，精英所起的作用也是有限的。相反，倒是和珅这样的权臣，在这种一元化的政治结构中，更能如鱼得水。

康雍乾三世也有制度"创新"——康熙帝在紫禁城里设立了南书房，把这个本来为了皇帝与翰林院词臣们吟风弄月而设立的团体变成了一个由皇帝严密控制的核心机构，让它草拟诏书，发号施令，权大无边，只为削弱议政王大臣会议和内阁的权力；雍正设立军机处，起先也只是将其作为抄抄写写的"秘书"机构，为了自己使用方便，一再扩大它的权力，变成一个听命于己的最高决策机构，干脆把内阁六部当成了摆设……

他们摒弃了秦代到宋代广泛使用过的宰相（丞相）制，架空了明朝所倚重的内阁，整个天下都必须接受皇帝的直接领导。从这个意义上，康雍乾三位所谓的"明君"比秦始皇更加专制。权力的高度集中，又必然增加王朝运作的风险系数，所谓"人亡政息"，必将成为王朝政治铁打的规律。那些在深宫中成长的宠儿会成为英明君主的可能性并不大。而一旦皇帝病弱无力，或者贪恋酒色，或者干脆是娃娃登极，朝廷的大权必然旁落。高度集权的制度最终成全了玉兰儿慈禧，大清日后的悲剧此时即已奠定。

他们一手创造着经济的繁荣，另一手却不约而同地把中国古代专制制度推向前所未有的极致。在这样的专制制度面前，纵然天下富饶，国库中积聚的银两也只能煽动贪官们的占有欲。在康雍乾的盛世里，进行着两种截然相反的运动，犹如一个人，一条腿向前跑，另一条腿却在向后跑，最后的结果，即使肉体上不分裂，精神上也要崩溃。

黑格尔说：中华帝国是一个神权政治专制国家。家长制政体是其基础：为首的是父亲，他也控制着个人的思想，这个暴君通过许多等级领导着一个组织成系统的政府。……个人在精神上没有个性。中国的历史从本质上看是没有历史的；它只是君主覆灭的一再重复而已。任何进步都不可能从中产生。

按照"模板"生产出来的皇帝，接二连三地出现在御座上。他们着装统一，形貌大同小异，犹如克隆人，

乾清宫

151

从故宫后左门看乾清宫、交泰殿和坤宁宫

以至于我们今天面对那些格式化的清代帝王画像，很难分辨出张三李四。时间变了，世界变了，他们的命运，却是彼此不能复制。

纵然贵为帝王，在时代的变换面前，也无力掌控个人命运的悲喜沉浮。

关河冷落，断鸿声远，曾经的盛世，从此再无翻版的机会。

养心殿

养心殿是一座三合院，面南背北，南面是一道院墙，正中有门，就是养心门，正殿是养心殿，是雍正以后的清代皇帝生活和工作的地方。东西各有配殿，三面房屋，围绕着一个庭院。庭院中有两棵树，一棵是槐树，另一棵也是槐树。

从养心殿明间后檐穿过去，是后殿，即家属区，后妃可以在此临时居住。两侧各有耳房五间，一个叫体顺堂，另一个叫燕喜堂。

养心殿位于后宫区域的西南部，在最靠近三大殿的位置上。在形制上，与紫禁城保持着同构的关系，或者说，养心殿本身就是一个缩小的紫禁城。虽然它只是皇帝的寝宫，但是它仍然保持着"前殿后寝"的形制，工作生活两不误——在前殿，军机大臣们虔敬地聆听着皇帝的旨意；在后寝，是环肥燕瘦，竞相争宠。

从这里我们可以发现，紫禁城后宫几乎所有的建筑，都与大紫禁城保持着某种同构关系。我们可以把紫禁城任意放大和缩小，把大紫禁城缩小，它就是后宫的某一个庭院，把庭院放大，就变成了大紫禁城。

因此，紫禁城里的许多建筑，包括小小的养心殿，都可以串联出一部完整的清朝通史。它建于明代嘉靖十六年（公元 1537 年），大清王朝的皇帝顺治就在这里断了气——他的死，即使在三百多年后，仍然显得扑朔迷离。顺治死后，帝国迎来了康雍乾的盛世光辉，养心殿也成为一个令人瞩目的场所，在经过一系列的改造、添建之后，成为一组集召见臣工、处理政务、皇帝读书和居住为一体的多功能建筑群。

葵花朵朵向太阳。在宫殿中，只有皇帝，才是真正的太阳，是一切建筑的核心。所以，无论在大紫禁城中，还是在某一宫、某一殿，皇帝永远构成了建筑的核心部分，其他人和建筑，都紧密地围绕着皇帝。在宫殿之外，

乾元資始

臣董祖濚敬書

…華詩

迎儔藻千箱荅瑞年

扇韻入楚玉絸六出

樓助粉妍光含班氏

長天拂斾添梅色遇

同雲接野烟飛雪舞

天澤豫漾使日光催

蜜花含宿雨開幸承

月早聞雷露結朝隮

壽杯依句初降雨三

侍蹕九重臺香蓮萬

唐臣李嶠喜雨喜雪

在帝国广袤的版图上，皇帝的意志又与层层叠叠的行政系统相连，通过分级严格的官衙建筑得到视觉化的表达，渗透到帝国的每一个细胞中，并像波浪一般，波及帝国最遥远的边疆。

《礼记》说："凡治人之道，莫急于礼。"[1] 故宫建筑体现礼制，根本上是"治人之道"。任何一座宫殿庭院都不是孤立的，而是通过皇家建筑特有的格式，与一个更广大的建筑系统相连。反反复复的宫殿庭院，拐来拐去的夹道回廊，无数繁复的装饰与构件，都服从于帝国治理的法则。紫禁城看上去令人眼花缭乱，实际上条缕清晰，什么人，什么时候，该出现在什么地方，一切都井然有序。由此，我们可以见证帝国建筑统摄全局的强大控制力。养心殿，则是这"治人"的心脏。

"劳心者治人"，帝国有大大小小、不同级别的"治人者"，他们层层管治，所以那些"治者人"既"治人"，又"治于人"。在所有"治人者"之上，皇帝是"总治人者"，因此他也是最"劳心"的那个人。

皇帝是治天下者，是那个"总治人者"，是"孤"，

1　《礼记》，上海古籍出版社 2016 年版，第 551 页。

是"寡"，虽然不是"孤寡老人"，却称得上是"孤家寡人"。他就像天上的北极星，是独一无二、没有同伴的，因此，"孤家寡人"必定是孤独的。

不同的皇帝，选择了不同的方式来抚慰这种孤独。有的皇帝对后宫充满热爱，除了满足色欲，还顺带帮他克服对孤独的恐惧。

乾隆是另一种皇帝，他酷爱文艺，所以在他居住和处理政务的养心殿里，开辟一间三希堂，供他"怀抱观古今，深心托豪素"，去与古人对话，一展文化情怀。

在三希堂，他以"三王"（王羲之、王献之、王珣）为友，后来又聚集了晋以后历代名家134人的作品，包括墨迹340件以及拓本495种。这些人、这些书（法），密密匝匝拥挤在这八平方米的小屋，让他的世界活色生香。

三希堂是另一幅江山，"咫尺之内，而瞻万里之遥；方寸之中，乃辨千寻之峻"。在这里，他才能真正地呼朋唤友，与他们同歌同舞，同笑同哭。

乾隆一生作诗4万余首，一人单挑《全唐诗》（《全唐诗》收诗49403余首，由2837位诗人创作）。虽说"这大鱼大肉的四万多首诗，抵不过李白清清淡淡的一首"[1]，但对于乾隆自己，倒可能是心满意足的。倘若没有了这些书（法）、这些诗，在他89年的人生、60年的皇帝岁月里，他又和谁聊天呢？

三希堂位于养心殿西暖阁，原名温室，乾隆皇帝把它当作自己的书房。"三希"即"士希贤，贤希圣，圣希天"，意思是士人希望成为贤人，贤人希望成为圣人，圣人希望成为知天之人。这是新儒学的开山鼻祖周敦颐提出的命题，宋代以来一直为中国士人所尊崇。这"三希"不仅为中国士人提供了终极理想、人生目标，而且提供了实现这一理想的路线图。

第一步，成为有知识的读书人，实现"人希士"；第二步，成为有道德的贤德之人，实现"士希贤"；第三步，成为立德、立功、立言的圣贤之人，实现"贤希圣"；第四步，成为通晓天、地、人的知天之人，实现"圣希天"。

乾隆从小在上书房读书，享受帝国最优质的教育，

1　刘刚、李冬君：《文化的江山》第2卷，中信出版集团2019年版，第8页。

人生第一步——"士"，他应当说已经完成了。尽管乾隆没有经过科举考试的测试，但从他的诗文来看，文从字顺，通晓文墨，大学本科水平还是有的。本科学位是学士，那也算是"士"吧。至于这个"士"够不够"贤"，实现《左传》里提出的立德、立功、立言"三不朽"，这个不好说。至少在他心里，他是够标准的，有他82岁时写下《御制十全记》自称为"十全老人"为证。至于"圣"，儒家认为，整个中国历史只出了三位，即尧、舜和孔子，此外还有一些专业领域里的单项冠军，也以"圣"来称呼，像画圣吴道子、草圣张旭、诗圣杜甫等，乾隆一个也沾不上边。至于"天"，也就是知天之人，在人类的星球上还没有诞生过。以"三希"为书斋名，只能说明乾隆理想远大、自我要求严格而已。

三希堂还有一种含义：古文"希"同"稀"，"三希"就是三件稀世珍宝。乾隆十一年（公元1746年），乾隆得到了晋朝大书法家王羲之的《快雪时晴帖》、王献之的《中秋帖》和王珣的《伯远帖》，一并存入三希堂。三希堂也因这"三希（稀）"而得名。后来乾隆不断扩大三希堂的收藏，纳名家名作于其中。

现在的三希堂已徒有虚名了，它因之得名的三件国

三希堂

宝——王羲之的《快雪时晴帖》已在台北故宫博物院落了户，而王献之《中秋帖》和王珣《伯远帖》真迹，则在经历了一系列的颠沛流离后，回到了它们在故宫的家，躺在文物大库中享受着恒温恒湿的五星级服务。

然而，即使在这间已然名不符实的三希堂里，我们仍可感觉到它的气质不凡，在金碧辉煌的宫殿内部，堪称特立独行。这首先体现在它的狭小——它是一个只有八平方米的小房间，在紫禁城约9000间房屋中，几乎可以忽略不计。但它的丰富性，正是由于它的狭小而得到凸显：它狭长的室内进深，用楠木雕花隔扇隔分成南北两间小室，里边的一间利用窗台摆设乾隆御用文房用具。窗台下，设置一铺可坐可卧的高低炕，乾隆御座即设在高炕坐东面西的位置上。乾隆御书"三希堂"匾、"怀抱观古今，深心托豪素"对联分别张贴在御座的上方和两旁。低炕墙壁上五颜六色的瓷壁瓶和壁瓶下楠木《三希堂法帖》木匣，被对面墙上的落地大玻璃镜尽收其中，小室立显豁然开朗。此外，还有小室隔扇横眉装裱的乾隆御笔《三希堂记》、墙壁张贴的宫廷画家金廷标的《王羲之学书图》、沈德潜作的《三希堂歌》以及董邦达的山水画等。

在这里抄一段蒋勋先生对三希堂的描写，其实，这段文字更近于想象：

> 一个仅容一人拥被围炉的炕床，下面烧了热炕，热呼呼的。一张小案，案上放着三件书卷，尺寸都不大，只有二十几公分高。拉开来看，字也不多，《快雪时晴帖》只有二十八个字，最长的《伯远帖》也只有四十七个字，随

手拿得到，把玩卷收，看一会儿，看累了，靠在锦枕睡去。觉得遥远南朝偏安的闲适自在仿佛就在身边，江左文人谈笑风生的洒脱自在也在身边，乾隆在"三希堂"这小小的"窝"里似乎作了一个荒诞而可爱的南朝的梦。[1]

精雅的三希堂，让我们感受到了紫禁城宫殿和博物馆功能的完美统一。紫禁城，就是一座超级博物馆，这一是因为它文物藏量的宏富浩瀚，二是因为紫禁城是世界上现存规模最大的古代皇宫建筑群，它本身就是一件超级文物[2]。只不过在帝王时代，这博物馆是为皇帝私人服务的。紫禁城里的珍宝，重申了皇帝对天下不可置疑的所有权。

于是，我们看到历史中一种单向的流动，即国家珍

1　蒋勋：《手帖》，九州出版社 2017 年版，第 95 页。

2　根据 2011 年世界遗产第二轮定期报告要求的对遗产突出普遍价值表述的调整，故宫的突出普遍价值为："北京故宫是我国古代宫城发展史上的最高典范，是世界上现存规模最大、保存最整的古代宫殿建筑群"；"其宫殿建筑技术与艺术反映了中国古代官式建筑的最高成就"；"所有这些珍贵遗存与宫殿建筑群共同构成了突出的世界普遍价值"。参见郑欣森：《故宫与故宫学三集》，故宫出版社 2019 年版，第 91—92 页。

宝，由民间源源不断地流向宫廷。乾隆亲自发起和领导的书法征集运动，就是一个例证。而皇帝的万寿之日，如雍正、乾隆六十寿诞，又为这种文物征集活动提供了一个名正言顺的理由。连乾隆自己都承认："自乙丑至今癸丑，凡四十八年之间，每遇慈宫大庆、朝廷盛典，臣工所献古今书画之类及几暇涉笔者又不知其凡几。"[1]

乾隆九年（公元 1744 年）开始，根据乾隆旨意，内廷词臣张照、梁诗正、励宗万、张若霭、庄有恭、裴曰修、陈邦彦、董邦达等人，开始将宫廷收藏的书画"详加辨别，遴其佳者"，分类统计记录，编订成书。第二年编成 44 卷，这就是著名的《石渠宝笈初编》。"石渠"二字，取自汉代宫廷藏书阁"石渠阁"的名字。此后，随着宫廷收藏的日益增多，又在乾隆五十八年（公元 1793 年）编订了《石渠宝笈续编》40 册。乾隆去世后，嘉庆皇帝决心继承父亲的遗志，化悲痛为力量，继续编订了《石渠宝笈三编》，于嘉庆二十一年（公元 1816 年）成书，共 28 函。《石渠宝笈》经过初编、续编和三编，收录藏品计有数万件之多。其中著录的清廷内府所藏历代

1　（清）乾隆：《续纂秘殿珠林石渠宝笈序》。

书画藏品，分书画卷、轴、册九类；每类又分为上、下两等，真而精的为上等，记述详细，不佳或存有问题的为次等，简要记述。

《石渠宝笈初编》中记录的书画藏品都收藏在紫禁城中，分藏在不同的殿堂，除了三希堂，还有乾清宫、重华宫、御书房、宁寿宫、建福宫（主要是延春阁、静胜斋、静怡轩）、毓庆宫、景阳宫（主要是学诗堂）、懋勤殿、漱芳斋等，几乎遍布整个紫禁城。《石渠宝笈续编》和《石渠宝笈三编》中书画藏品的收藏地点已经超出了紫禁城的范围，涵盖了西苑（今中南海）、圆明三园（圆明园、长春园、绮春园）、三山（万寿山清漪园、玉泉山静明园、香山静宜园）和行宫（避暑山庄、静寄山庄）[1]，所以这三编《石渠宝笈》，根据贮藏之所各自成编。这也是《石渠宝笈》在编辑体例上的首创，目的是为了方便检寻藏品。

1　故宫博物院建院初期曾提出"完整故宫保管"计划，故宫博物院第五任院长郑欣淼先生在此基础上，提出"完整故宫"保护的理念，进而提出"大故宫"概念。他认为："完整的故宫遗产，既要看故宫本身，也应从故宫与北京以及北京以外的明清宫廷建筑，如园囿、行宫、陵寝、皇家寺观以及明中都、明南京故宫、沈阳故宫等联系来看待；既要看北京故宫的藏品，也要重视流散的清宫文物遗存。"见郑欣淼：《"完整故宫"保护的理念与实践》，《故宫博物院院刊》2012 年第 5 期，第 25 页。

目前知见的《石渠宝笈初编》完整抄本共有六部，五部可确认为内府正本，其中三部现藏于故宫博物院，两部藏于台北故宫博物院。

目前知见的《石渠宝笈续编》完整抄本共有六部，四部可确认为内府正本，其中三部现藏于故宫博物院，一部藏于台北故宫博物院。台北故宫博物院另外还有一部《石渠宝笈续编》抄本，上面没有宫殿玺，因此不知其是否为正本。[1]

目前知见的《石渠宝笈三编》抄本共有六部，五部可确认为内府正本，其中四部现藏于故宫博物院，一部藏于台北故宫博物院，没有宫殿玺，但可以确定为正本。

《石渠宝笈初编》编成37年后，乾隆四十七年（公元1782年），乾隆时代的超级丛书，也是中国历史上规模最大的文化工程——第一部《四库全书》缮写完成，入藏文渊阁。《石渠宝笈初编》被整部编入《四库全书》，《石渠宝笈续编》和《石渠宝笈三编》因成书晚而未能编入《四库全书》。

收入《四库全书》的《石渠宝笈初编》，称为《石渠

1　参见朱赛虹:《〈石渠宝笈〉传世版本纪实》,《紫禁城》2015年第9期。

宝笈初编》《四库全书》本”，是一种“内府衍生本”。《四库全书》前后抄成七部，收入《四库全书》的《石渠宝笈初编》也就“衍生”为七部。这七部“《四库全书》本”《石渠宝笈初编》被含纳在七部《四库全书》之内，它们的命运，也就与之休戚相关。至于七部《四库全书》的命运，我在《故宫的隐秘角落》里写了，这里就不重复了。

不断膨胀的书画名录，见证了清宫收藏的不断扩充。现在故宫博物院收藏的书画共约 15 万件，这个收藏量占全世界公立博物馆所藏中国古代书画的四分之一，其中属于清宫旧藏的多达 4 万余件。[1]

正因为贮藏宏富，这些“国宝”才遍布三山五园、皇宫行宫，但最集中、最丰富、最重要的贮藏地点，当然还是紫禁城。三希堂的宝藏，是皇家收藏的缩影，也代表了乾隆一朝书画收藏的巅峰。

与乾隆等皇帝相比，在收藏方面慈禧太后巾帼不让

---

1 故宫博物院现藏书画共约 15 万件，含绘画、壁画、版画、书法、尺牍、碑帖等。其中，绘画 4.7 万余件，清宫旧藏 1.5 万余件；书法近 7.4 万余件，清宫旧藏 2.2 万余件；碑帖 2.8 万余件、清宫旧藏 0.58 万余件。参见郑欣淼：《故宫与故宫学三集》，故宫出版社 2019 年版，第 324 页。

须眉。除了将整个宫殿变成她的收藏仓库以外，她个人还专门用三间大屋储存宝物，与三希堂相映成趣。这三间大屋由三面木架分隔成柜，每柜中置有檀木盒一排，统共3000箱，各自标有名称。至于藏于他处不须记载入册的宝物，就无法统计了。[1]

据说慈禧太后寿诞之时，从中央到地方各级官员都在敬献的宝物上费尽心机：初入军机的刚毅特意制作了12面镂花雕饰精美的铁花屏风；直隶总督袁世凯送上的则是一双四周镶有特大珍珠的"珠鞋"，算上成本和宫门费（即用酬金打点太后的近侍太监们），总共70万金。

于是，在宫殿与宫殿之外，形成了一种施虐与受虐的关系。所谓天下，就是帝王的权力能够抵达的地方，说得更直白一些，天下就是用来虐的，不虐怎能体现皇帝的威权？而宫殿中的宝物，刚好体现了帝王对天下的征用关系。有意思的是，许多受虐者对此乐此不疲，这是真正的"痛并快乐着"。这一方面是因为每一个受虐者，转过身来就可以成为施虐者，去虐那些更下游、更弱势的群体，于是在帝国上下形成了一条关于珍宝的食

1　（清）徐珂：《清稗类钞》第七册，中华书局1984年版，第3293页。

物链。这一出一进，有望实现收支平衡，说不定还会赚上一笔。的确有许多官员开辟了一条崭新的生财之道，就是以为皇帝进贡之名搜刮民财，最著名的例子，就是大家熟悉的和珅了。和珅不仅大肆受贿，还公开索贿。地方督抚每当进贡，比较"懂事儿"的，都要准备双份，给皇帝一份，给和珅一份。和珅也因此有了一个绰号——"二皇帝"。

还有一个原因：即使受虐，他们也是心甘情愿的，因为他们相信自己不会白受虐，受虐是有回报的。与受虐比起来，他们更看重回报。他们相信，吃人家嘴短，拿人家手软，即使皇帝也不例外。固然，"溥天之下，莫非王土"，这大地上，包括地面下的一切都是皇帝的，皇帝可以白拿。但是他们向皇帝"献宝"，皇帝总会心生喜悦，也总有不好意思的时候，于是总会想方设法"意思意思"。那"意思"可能是宠信，也可能是用王朝的政治资源来置换。置换来置换去，皇帝身边的"宠臣"越来越多，王朝的政治权力也一点点被掏空。

于是，在重大节庆时向宫廷"献宝"，在大清王朝几乎成了风俗，成了习惯，成了"世人皆知的秘密"。它使行贿成为公开，成为默契，甚至成为规则。这种行贿是以艺术品为媒介的，因而更加具有艺术性，看上去很风雅，送或者收，都没有什么不好意思的。唯一不好意思的，是有些官员实在拿不出皇帝看得上的书画精品，只得造假交上去。没过几天，书画退回来，上面多了几个字："假的不要！"是皇帝写的，而且是真迹。

在皇帝的带动下，收藏热在大清王朝的行政系统中方兴未艾。庆亲王奕劻的王邸（庆王府）门口，今天北京西城区德胜门大街与定阜街交叉处，来路各异的献宝者络绎不绝。

最典型的是1911年底，各省独立之际，袁世凯力请清廷颁布《逊位诏书》，奕劻亦不废商机，向袁世凯索贿。国破之际，具有商业头脑的庆亲王奕劻在天津租界内创办一家"人力胶皮车公司"，赚了不少钱，也使他成为民国早期著名的收藏家。这是奕劻的能耐，他的"国"都亡了，他的钱照赚不误。

天下珍宝，一旦进入紫禁城，就被封闭在这座城里，"大门不出，二门不迈"。它们仿佛进入了一个巨大的黑洞，从"天下"失踪了，宫外没有人能够与它们再度谋面，即使贵为天子，也看不过来。它们终将由"藏在深

故宫内华贵的器物

宫一人识"，变成"藏在深宫无人识"。

由于古代中国没有博物馆的概念，皇帝家国一体，皇帝的私人收藏，也就等同于国家收藏，因此，紫禁城这座大博物馆，客观上起到了为国家收藏珍宝的作用。据 1925 年出版的《清室善后委员会点查报告》记载，国立故宫博物院成立时，共清点出 117 万余件宫廷遗留的文物，包括玉器、书画、陶瓷、珐琅、漆器、金银器、竹木牙角匏、金铜宗教造像、帝后妃嫔服饰、衣料和家具等，另有大量典籍、文献、档案。郑欣淼院长说，当时的故宫博物院，"应当是世界上藏品最多的博物馆之一"[1]。截至 2020 年，故宫博物院有藏品 1862690 件（套），其中百分之八十以上是清宫旧藏。

清宫收藏的巨量国宝，不仅远远超出了一个人的实际需要，而且成为他的巨大负担，最后变成了一个无关紧要的数字。它们以存在的方式消失了，消失于"天下"，也消失在皇帝的视线中。

难怪有人将这些国宝称为"逆产"。那是 1928 年 6

1　郑欣淼：《关于故宫与故宫博物院》，见郑欣淼：《故宫与故宫学》，紫禁城出版社 2009 年版，第 7 页。

月，张作霖的奉军从北京退往关外，国民革命军开入北京，北伐宣告成功，南京国民政府正式统治全中国。故宫博物院，刚刚由南京国民政府接收，一位名叫经亨颐的国民政府委员提出一项议案，主张废除故宫博物院。

这项议案首先向故宫博物院的名称发难，经亨颐对"故"字有意见，认为"故"字虽代表"过去"，但带有怀念之意，比如"故乡"，认为应将"故宫"改为"废宫"，以此表明与封建王朝的一刀两断。接下来他还对"博物院"的"博"字不满意，认为"故宫这几件珍贵品，不过古董一小部分"，这无意中暴露了他的无知。但他的目的不是咬文嚼字，在他眼里，故宫博物院压根儿就不应该存在，因为故宫博物院里的文物都是"天字第一号逆产"。民国了，为什么要保护封建皇帝的财产?（他的原话是："皇帝物品为什么要重视?"）于是他主张，要废除故宫博物院，在首都南京另建"一个伟大的博物馆，可于最短期内成立"，"比没意思的故宫博物院，年年花许多钱维持下去，好得多"。[1]

的确，紫禁城的宝藏，来路各异，除了外国传教士

1　参见那志良：《我与故宫五十年》，黄山书社 2008 年版，第 34 页。

带来的"礼物"、外国使臣进贡的"国礼"、宫廷造办处"国产"的生活艺术品，也不乏巧取与豪夺，比如朝廷的"征集"、官员的"进贡"，以及对"罪臣"的查抄没收。但是，这些都不应当牵连到这些珍宝本身。紫禁城里的每一样文物、珍宝上面，都积累了中华文明几千年的艺术与技术，由一些精巧匠人完成，用今天的话说，是劳动人民创造的。它们置身于帝王的宫禁，凝聚的却是中华文明的辉煌成就，既是物质遗产，又是非物质遗产——文物本身是物质的，凝结在上面的艺术与技术则是非物质的。

所以经委员这项荒诞不经的议案一经提出，就触怒了我的故宫前辈们。那志良先生很生气，说："比如我们家里的东西，被人偷去了，经过破案之后，原物发还给我们，我们能说这是贼赃，而丢了它？"[1]时任故宫博物院院长的马衡先生，趁着蒋介石、冯玉祥、阎锡山、李宗仁、邵力子、李济深、吴稚晖、张群等在7月里参观故宫的机会，把事先印好的传单发放给他们。传单是这样写的："无论故宫文物为我国数千年历史所遗，万不能

1　那志良：《我与故宫五十年》，黄山书社2008年版，第34页。

与逆产等量齐观。万一所议实行，则我国数千年文物，不散于军阀横恣之手，而丧于我国民政府光复故物之后……我国民政府其何以自解于天下后世？"[1]

连南京政府大员都振臂一呼了。时任国民党中央政治会议委员、司法院副院长等职的国民党元老张继在中央政治会议上提交一文，力保故宫博物院。文中同样给皇宫的收藏做了定性："故宫已收归国有，已成国产，更何逆产之足言？故宫建筑之宏大、藏品之雄富，世界有数之博物院也，保护故宫，系为世界文化史上尽力，无所谓为清室逆产尽力也。""即张作霖，亦不敢排当时清议，受千载恶名也。至经（亨颐）委员以为拍卖古物，可以建筑博览会，是直如北京内务部之拍卖城砖以发薪矣。尤而效之，总理在天之灵，亦必愤然而不取也。"[2]

故宫博物院保住了，里面的宝藏也保住了。从那以后，国家经历了抗战、解放战争，故宫文物几经流散，但经过几代故宫人的努力，总体上留存了下来。而且随着中华人民共和国成立以后国家交拨、故宫回购、社会

1　这份传单现藏于故宫博物院图书馆。

2　转引自那志良：《我与故宫五十年》，黄山书社 2008 年版，第 37、39 页。

捐赠，故宫的文物越聚越多。养心殿装不下，《石渠宝笈》也装不下，才有了今天位列"世界五大博物馆"[1]的故宫博物院，有了今天的"国宝热""文创热"，有了单霁翔院长所说的"把故宫文化带回家"。

这正是在紫禁城里建立一座博物院的意义之所在，也是将帝王的收藏回馈给全体国民的最好方式。

1　世界五大博物馆为：法国卢浮宫、英国大英博物馆、俄罗斯艾尔米塔什博物馆、美国大都会博物馆和中国故宫博物院。

景阳宫

内廷中，在乾清宫、交泰殿、坤宁宫组成的中轴线两侧，排列着西六宫和东六宫。西六宫与东六宫也都各有一条南北轴线，轴线的两侧，各南北纵向排列三座宫殿，刚好排成一个坤卦的卦象。西六宫的那条轴线叫西二长街，东六宫的那条轴线叫东二长街。

西二长街东侧自南向北分别是永寿宫、翊坤宫、储秀宫，西二长街西侧自南向北分别是启祥宫（太极殿）、长春宫和咸福宫。

东二长街东侧自南向北分别是延禧宫、永和宫、景阳宫，东二长街西侧自南向北分别是景仁宫、承乾宫和

冷寂的红墙

钟粹宫。

西二长街的北门叫百子门，南门叫螽斯门。螽斯，就是我们平常所说的蝈蝈，能产子，《诗经》唱道："螽斯羽，薨薨兮，宜尔子孙，绳绳兮……"百子、螽斯，其实都是乞望家族多子多福，世代绵延。

景阳宫原本是六宫之一，紫禁城肇建时就有了，但景阳宫无疑是特殊的一座。它是一座二进院落，正门南向，名景阳门。前院正殿即景阳宫，面阔三间，黄琉璃瓦庑殿顶，与东六宫中其他五宫的屋顶形式不同。檐角安放走兽五个，檐下施以斗拱，绘龙和玺彩画。

明万历时，这里曾是太子朱常洛的母亲被幽禁的冷宫。但景阳宫的特殊之处在于，到清代，这里不再作为嫔妃的寝宫，而是成为贮藏书画的地方。南宋皇帝赵构和画家马和之合作的《诗经图》、乾隆下令绘制的《毛诗全图》，以及《十二宫训图》等，都被收贮在景阳宫学诗堂里。

长春宫

　　孝贤皇后曾经居住过的长春宫里，乾隆皇帝御书的
"敬修内则"匾仍挂在前殿。每逢过节，长春宫的西壁都
会挂出《太姒诲子》宫训图，描绘周武王的母亲太姒教
诲武王的情景。乾隆皇帝亲自撰写了《太姒诲子赞》，由
大臣梁诗正抄录，悬挂于长春宫的东壁。

　　乾隆年间，乾隆帝命画师以中国古代后妃美德为范，
绘制《宫训图》十二幅，每幅图配赞四言十二句。每年
腊月二十六日，在东、西六宫张挂春联、门神的同时，
《宫训图》也被张挂起来。正殿西墙挂《宫训图》，东墙
挂《宫训诗》，以诫后妃永远效法。

这十二幅《宫训图》分别是：

《婕妤当熊图》，挂在咸福宫，御笔匾为：内职钦奉（勇敢）；

《西陵教蚕图》，挂在储秀宫，御笔匾为：茂修内治（创新）；

《太姒诲子图》，挂在长春宫，御笔匾为：敬修内则（教子）；

《昭容评诗图》，挂在翊坤宫，御笔匾为：懿恭婉顺（读书）；

《姜后脱簪图》，挂在启祥宫，御笔匾为：勤襄内政（相夫）；

《班姬辞辇图》，挂在永寿宫，御笔匾为：令仪淑德（知礼）；

《许后奉案图》，挂在钟粹宫，御笔匾为：淑顺温和（尊老）；

《马后练衣图》，挂在景阳宫，御笔匾为：柔嘉肃静（节俭）；

《徐妃直谏图》，挂在承乾宫，御笔匾为：德成柔顺（忠直）；

《樊姬谏猎图》，挂在永和宫，御笔匾为：仪昭淑慎

婚房

（劝谏）；

《燕姞梦兰图》，挂在景仁宫，御笔匾为：赞德宫闱
（愿景）；

《曹后重农图》，挂在延禧宫，御笔匾为：慎赞徽音
（勤劳）。

每逢宫里过大年之时，妃子们都会在各自的宫殿里
与古代贤妃相遇，接受来自宫廷的政治品德和业务素质
教育。乾隆是完美主义者，于人、于事务求完美，对自
己也不例外，所以他晚年自称"十全老人"，表明自己已
经功德圆满。十全十美，这固然是一个美好的愿望，但
在现实世界里，哪里有什么十全十美？

"十全老人"乾隆，至少在一个方面是残缺不全
的——在情感上，他不能算是一个成功者。他成功过，
他和孝贤皇后共同生活的22年，让他抵达了幸福生活的
顶峰，但孝贤皇后的死，又让他从顶峰跌落到谷底。他
的情感生活，高开低走，纵然有再多的妃子，纵然这些
妃子都被教育成德才兼备的模范标兵，他的情感世界仍
然一片狼藉。他曾经的成功，恰恰为后来的失败埋下了
伏笔。

乾隆的心中不能容错，更不能去纠错，只能用华美

的幻象自欺欺人。这，或许就是乾隆最大的错。乾隆中期以后，在华美的表象之下，他的王朝正在迅速地溃烂，与他情感世界的荒芜完全成正比。

后宫里美眷如花，掩不住乾隆内心的凄清。自打孝贤皇后去世，他就养成了独眠的习惯。即使有妃子会陪伴他过夜，但那妃子被裹在被子里抱走以后，留给他的仍然是无边的寂寞。乾隆就躺在这样的寂寞里，黯然老去。

慈宁宫

当年，那个从湖北安陆匆匆赶赴北京登基的嘉靖皇帝，为自己的母亲蒋太后修建了慈宁宫和花园（修建时拆除了原有的太后宫和旁边的大善殿），为正德皇帝的母亲张太后修建了慈庆宫。两座太后宫，原本是东西对称的，犹如天平两端重量相等的砝码，但嘉靖还是有私心的，他给自己亲妈修的慈宁宫，占地面积虽不如慈庆宫（慈宁宫与慈庆宫东西宽度相近，后者南北长度是前者的两倍），却更加恢宏富丽，而给自己的伯母（慈寿太后）建的慈庆宫，却简陋粗疏。他没有想到的是，自己的亲妈福薄，在慈宁宫建好几个月后就撒手人寰。而伯母张太后，虽不再似当年她丈夫、明孝宗朱祐樘（弘治）在世时那样深受宠遇——弘治皇帝对她挚爱情深，"笃爱宫中"，为了她不设一嫔一妃，两人宛若一对民间夫妻，这在中国历代帝王中绝无仅有——，也不像正德皇帝在世时那般尊荣，此时的她，备受冷眼，在慈庆宫里一点点沦为一个穿破衣、睡蒿席的孤寡老人，但还是活到了 70 岁寿终正寝。

现在的慈宁宫和慈宁宫花园，在清代顺治、康熙、乾隆三朝都有改建[1]。慈庆宫消失了，清朝在它的南部建造了三座宫殿，供皇子居住，称"南三所"。五行中东方属木，皇子住在这里，象征着帝国接班人的茁壮成长。三个前院正殿的绿琉璃瓦单檐歇山顶，在这红墙黄瓦的宫殿中显得特立独行，也暗喻着王朝事业的蓬勃葱茏。等到康熙大帝想要给太后们打造一处尊养之所时，只能将紫禁城东北部（南三所以北）原有的仁寿宫、哕鸾宫、喈凤宫一带，改建为宁寿宫区。

清代顺治皇帝英年早逝，他的母亲孝庄太后成了太

1　"慈宁宫，清袭明旧，顺治十年修，康熙二十八年、乾隆十六年重修。"见章乃炜等编：《清宫述闻》下册，紫禁城出版社 2009 年版，第 715 页。

开放前的慈宁宫

皇太后，这里又成了太皇太后的居所。康熙登基后，每天都早晚两次到慈宁宫向孝庄太皇太后问安。孝庄病重时，也是康熙亲自调配汤药，一勺一勺地喂她服药。

乾隆的生母孝圣太后钮祜禄氏（"甄嬛"的原型），也曾在慈宁宫区生活了40余年。康熙五十年（公元1711年），她在雍和宫生下弘历，这是她一生中唯一一次生育。雍正九年（公元1731年），皇后去世。乾隆即位后，按照雍正遗命，尊封母亲为皇太后。

天底下最尊贵的圣母皇太后的世界缩减为一座窄窄的园林。在这深宫的最深处，在青灯古佛间，她了断自己的余生，不知是幸，抑或不幸。在慈宁宫花园走过的40余年，孝圣太后没有一天不在思念自己少女时代生活过的江南。乾隆一生六次南巡，前四次都与母亲有关——他是想陪着母亲离开宫廷里的虚拟山水，回到真实的人间。那个世界，比宫廷里的花园大上千倍、万倍。四次南巡，他都恭敬地侍奉着太后的乘舆，在行宫朝夕问安。孝圣太后在86岁时安详去世。嘉庆二年（公元1797年），86岁的乾隆还在嘉庆皇帝的陪同下来到慈宁宫和寿康宫，颤巍巍地向母亲生活过的地方鞠躬行礼。

毓庆宫

康熙安排太子胤礽六岁起在奉先殿以西的毓庆宫学习，试图把他培养成德才兼备的接班人。这座宫殿是康熙十八年（公元 1679 年）在明代奉慈殿的遗址上建成的，位置在紫禁城内廷东路奉先殿与斋宫之间。它是由长方形院落组成的建筑群，前后共四进：正门前星门，门内为第一进院落。过院北祥旭门为第二进院落，正殿是惇本殿，东西配殿各三间。第三进院正殿即毓庆宫，建筑为工字殿，前殿与后殿有穿廊相通，后殿室内明间悬有一匾，上写"继德堂"。西次间是毓庆宫之藏书密室——"宛委别藏"，这个名字，是嘉庆皇帝所赐。东耳房内悬嘉庆皇帝御笔匾"味余书室"，东侧围房内"知不足斋"匾同样出自嘉庆皇帝御笔。毓庆宫内装修极为考究，尤其是后殿内以隔断分成小室数间，其门或真或假，构思极为精妙，被称为"小迷宫"。第四进院内有后罩房，东西两侧有耳房，与东西庑房转角彼此连接。

胤礽14岁起到文华殿"出阁讲学"，由皇帝钦点的讲官进讲。我在《故宫的隐秘角落》里写道：每天寅时，也就是凌晨四五点钟，小胤礽就要揉着眼睛，从被窝里艰难地爬起来，洗漱之后，在卯时，也就是5点到7点，伏案诵读《礼记》，讽咏不停。

康熙叮嘱，"书必背足一百二十遍"。背足数后，令汉文师傅汤斌靠近案前，听他背书。待他一字不错，汤斌就用朱笔再给他画下面一段，把书奉还到他手中，自己在一旁默然侍立。

假如是冬天，胤礽上完早课，天色还没有放亮，宫殿犹如酣睡的动物，密密麻麻地潜伏在黑暗里，凌空而起的飞檐，好像弯曲的犀牛角。寒风穿过夹道，发出呜呜的长啸，就像是森林野兽的叫声，让年幼的胤礽瑟瑟发抖。假如是夏天，时近中午，暑热难当，学堂里的师生却要衣装严整，不能有丝毫的懈怠，加之睡眠不足，不要说学生，就连先生有时也坚持不住，几乎晕倒。

用过早膳，还有漫长的一天需要他熬过。这一天中，要朗读、背诵、写字、疏讲，还要骑马、射箭，几乎是按照礼、乐、射、御、书、术的"六艺"严格进行的，皇帝本人有时一天几次前来检查、考试。放学时，暮色已经笼罩整个宫殿。[1]

1　祝勇：《故宫的隐秘角落》，中信出版集团 2016 年版，第 154—155 页。

毓庆宫

建福宫花园

　　建福宫花园位于紫禁城西北部，那里曾是乾隆当皇子时居住过的乾西五所中的四所、五所。乾隆七年（公元 1742 年），这里改建为一座花园，叫建福宫花园，亦称西花园。地虽不阔，却亭轩错落，曲折雅致，"误迷岔道皆胜景"。乾隆准备将来为太后守丧时，在这里度过闲暇时光。乾隆十分喜爱这个花园，后来这里成为他时常光顾的休闲游憩、收藏珍玩之地。这里也因此贮满了乾隆喜爱的金质法器、藏文经版、瓷器彝器、法书名画等，被称为皇宫宝库。嘉庆时，曾下令封存这里的全部收藏。这里一直被视为收藏皇家珍宝的殿库，重要性非比寻常。

建福宫花园的延春阁上，乾隆曾写下一副楹联：

闲为水竹云山主，

静得风花雪月权。

大清年间的风花雪月，像电影一样，在乾隆眼前播放，又被他记录下来，写成一道道楹联，挂在建福宫的楼台里。

仁者乐山，智者乐水，君临天下的皇帝，也要徜徉山水间，去花前煎茶、石上叩曲，做天地间的仁者与智者。建福宫就这样，成了收纳风花雪月、自然万物的容器。

延春阁位于建福宫的中央，是一座明堂式的建筑。所谓"明堂"，其实是中国古代最重要的礼制建筑，至少周代就有。古人认为，明堂可上通天象，下统万物，是体现天人合一的神圣之地。六朝《木兰诗》写："归来见天子，天子坐明堂。"《资治通鉴》记载，明堂共三层，底层为四方形，四面各施一色，分别代表春、夏、秋、冬四季。中层十二面对应着一年中的十二个月和一天中的十二个时辰。王莽建立新朝，决定恢复久废的明堂传统，按照顺时针方向在明堂中移动。每个月在特定的房间中，穿特定颜色的服装，吃特定的食物，听特定的音乐，祭祀特定的神明，从事特定的国事，成为一座大钟上一根转动的指针，以谋求他的统治与自然（天命）的统一。[1]

延春阁翻版了明堂的建筑形式，却没有王莽的明堂那样神乎其神。对乾隆来说，它只是一座与自然亲密接触的建筑而已，只不过借用了一点明堂的元素罢了。它屹立在建福宫的中央，四面环绕着其他建筑——东面是静怡轩，西面是凝晖堂，南面是叠石和积翠亭，北面是敬胜斋。"在晴好的日子里，只要开启四面的隔扇门，就可将室内与室外空间一气贯通"[2]，感受四时花开，感受季节轮转。

乾隆为敬胜斋写联：

看花生意蕊，

1 参见〔美〕巫鸿：《中国古代艺术与建筑中的"纪念碑性"》，上海人民出版社 2009 年版，第 238 页。

2 王时伟、刘畅：《金界楼台思训画 碧城鸾鹤义山诗——如诗如画的乾隆花园》，《紫禁城》2014 年第 6 期。

听雨发言泉。

亦为碧琳馆写过：

与物皆春，花木四时呈丽景；
抗心希古，图书万轴引清机。

天地有大美而不言，风花雪月，这世间的光景，无须一文钱买，人人皆有一份。只是劳苦大众，生命被耕作稼穑占满，只关心旱晴雨涝，没有闲情逸致去吟花弄月罢了，于是把这份"权"留给文人墨客。皇帝享有人间最高权力，因此不只是"水竹云山"之主，这世界的花红柳绿、环肥燕瘦都归他享有，对风花雪月的权力，不需要去争。只是皇帝也是"田力"——这宫殿、这江山，就是他的田，他也要披星戴月、起早贪黑去耕作，所以才有康熙皇帝早晨4点前就起床，坐以待旦。而乾隆晚年，更是每天凌晨3点就起床，真有点"半夜鸡叫"的意思。因此，要当"水竹云山主"，要得"风花雪月权"，对于一个皇帝，尤其一个"好皇帝"来说，也并非一件容易的事。搞大发了，会失掉江山，风花雪月的宋

宫中望月

徽宗就是前车之鉴。但皇帝也是人，尤其乾隆，自诩文人，既是文人，哪有对草木春秋无动于衷的道理？王羲之不是说过吗，"仰观宇宙之大，俯察品类之盛"[1]，俯仰之间，才能探知这天地运行的道理，才能激发人的生命感，所谓谛观有情。乾隆是王羲之的铁粉，当然对这前辈的教诲心领神会。

乾隆皇帝不会想到，建成180年之后，这座美轮美奂的花园遭遇灭顶之灾。

清朝末代皇帝溥仪知道，宫里有无数吸血鬼在吸食这些宝藏，于是接受谋臣的建议，决定对建福宫文物进行一次全面的清点。蹊跷的是，清点刚刚开始，六月二十七日夜里，建福宫就燃起大火。

火燃起时，溥仪正坐在储秀宫里，和婉容一起乘凉。这样的平静与浪漫，在他们的婚姻生活中并不多见。但他们看到的，却是紫禁城西北天空中映出的火光。

溥仪从太监那里得知起火的消息，霍地站起来，迅速赶到火场。他使劲拍打建福宫的大门，竟无人理会。他又心急火燎地折回养心殿，婉容紧紧跟随在他身后，

---

1 （东晋）王羲之：《兰亭集序》。

寸步未离。这一回，养心殿的电话派上了用场，他打电话给内务府大臣绍英，令他通知京畿卫戍司令王怀庆、警察总监薛之珩和步军统领聂宪藩等，叫他们派消防队来救火，他还给外国公使馆打电话。之后，他们返回建福宫，一夜没有合眼。

王怀庆、薛之珩和聂宪藩等悉数抵达紫禁城外，人声嘈杂中，神武门守卫却不敢擅自打开城门，原因是："未奉谕旨，外人不许入神武门一步！"

等到消防人员赶到现场时，早已错过了救火的最佳时间。这时的建福宫花园俨然成为火的海洋，参天的松柏成了一棵棵火树，静怡轩、慧耀楼、吉云楼等建筑在人们的眼皮底下逐次坍塌、消失。

庄士敦在《紫禁城的黄昏》里回忆，第二天早上，他在火光中来到建福宫德日新殿，第一眼就看见皇帝和皇后站在一堆烧成焦炭的木头上，沮丧地注视着眼前的惨景。[1]

大火过后，京中某金店经过"疏通"，以 50 万银元

1　参见〔英〕庄士敦：《紫禁城的黄昏》，山东画报出版社 2007 年版，第 255 页。

买下了灰烬处理权。据说后来从废墟中熔炼出的黄金，多达17000多两。

清点再也无法继续进行。内务府呈报的，是一笔糊涂账。那一刻，溥仪或许会想起庄师傅的话：内务府对清朝灭亡负有相当责任。

溥仪心知肚明，火是太监们放的，为的是烧毁他们盗宝的证据。溥仪心知自己斗不过这些滑吏，决定把太监全部遣散。最终，紫禁城除溥仪、淑妃等所在的五个宫各留下20名太监以供驱使外，其余1000多名太监被遣散出宫。

喧闹的紫禁城，突然间寂静下来。

建福宫废墟在清理后变成了网球场。

网球场正式启用那天，举行了一场男女混双比赛。溥仪和婉容为一方，庄士敦和润麒为一方，比赛结果：帝后组合败北。

五百年的深宫，第一次传出挥击网球的空洞回声。

重华宫

　　百子门正对的，就是重华门。入重华门，就是崇敬殿、重华宫、翠云馆组成的三进院落。那是乾隆登基前的"潜邸"，是他与富察氏留下共同记忆的地方，后来成为乾隆皇帝的伤心之地。

　　富察氏死后，乾隆决计把重华宫打造成一座"记忆宫殿"。他令人将这里按照从前自己与皇后富察氏一起居住的房间原貌进行布置，周围摆着他登基前用过的各种生活物品，还有祖父、父亲两代老皇帝赏赐的各种贵重的纪念品。他幻想时间可以永远停止在那个美好的时代，让他的记忆以物化的形式永垂不朽。

重华宫内，至今陈放着一对大柜，那是雍正五年（公元 1727 年），弘历和富察氏结婚时的妆奁。乾隆把当年祖父康熙、父亲雍正皇帝、母亲钮祜禄氏赐赠之物，还有自己做皇子时常用的衣物，都存放在柜子里。甚至重华宫本身，都被他当作一件旧物保存下来。乾隆五十五年（公元 1790 年）和乾隆六十年（公元 1795 年），他两次颁谕，告诫子孙不得改变重华宫内外规制，使他"几暇优游、年节行庆，传之奕祀"[1]，说要永远保留这处"故居"，供他凭吊怀念。

除了重华宫，富察氏当皇后时居住过的长春宫也被打造成"记忆宫殿"。自雍正以后，清朝皇帝都没有以乾清宫作为正寝，而是以乾清宫以西的养心殿作为寝宫，一直到末代皇帝溥仪。康熙皇帝的第一位皇后赫舍里氏大婚后住在坤宁宫，也是在坤宁宫里撒手人寰。自雍正时代以后，清朝的皇后，也都没有再以坤宁宫为寝宫，而是选择东西六宫中的某一宫居住。乾隆登基以后，乾隆住养心殿，皇后富察氏则住在西六宫中的长春宫。

根据乾隆皇帝的旨意，长春宫的一切摆设也都"原

1　转引自佟悦、吕霁虹：《清宫皇子》，故宫出版社 2017 年版，第 57 页。

状陈列"，不得改动半分。每逢皇后忌日，乾隆都会走进长春宫，坐在椅子上，一动不动地瞻望皇后的遗物。那份失神与不舍，与当年康熙在巩华城枯坐时如出一辙。

"恋物癖患者"乾隆，连富察氏随他东巡时坐过的船都执意保留。那条船体积庞大，怎可运入京城？这难坏了办事的大臣，但皇帝的旨意，理解了要执行，不理解也要执行。还是礼部尚书海望想出一辙，命人沿途造木轨，木轨上铺满菜叶作为润滑剂，由几千人连拉带拽，连推带踹，终于把这艘大船拉入城中。

乾隆四十九年（公元1784年）元旦，天色未明，乾隆从梦里醒来，望着窗外的月色，心中想念已去世36年的孝贤皇后，悲从中来，写下一首诗，诗旁自注："孝贤皇后与予齐年，亦当古稀有四，视玄孙矣。"意思是说，孝贤皇后与我是同龄人，假如活到今日，也已经74岁，可以见到玄孙了。

写罢投笔，乾隆已老泪横流。

漱芳斋

御花园的空间相对狭小，自宫殿和广场涌来的人流汇聚在这里，使御花园的人口密度剧增。摩肩接踵中，很少有人注意到，在御花园西侧偏北的宫墙上，嵌有三间悬山卷棚顶抱厦。那是一扇门，在它的后面，藏着一个神秘的空间——漱芳斋。

漱芳斋，原为乾西五所之头所，始建于明永乐十八年（公元1420年）。乾隆即位后，改乾西二所为重华宫，遂将头所改为漱芳斋，并建戏台。它是宫殿内部最重要的娱乐场所之一，一座在乾隆营建太上皇宫殿时建起的"文化活动中心"。"漱芳"的意思，是花卉在经过洗濯之后更加明丽和绚烂，隐含着修养美好德行之意。漱芳斋内器具之精美、宝物之丰盈，在紫禁城中是罕见的。每次走进漱芳斋，我都会被前殿东次间整墙的多宝格吸引，上面原样摆放着百余件玉瓷珍品。这里曾经是皇帝的书房，室内曾挂着一幅匾额，上面写着："静憩轩"。

漱芳斋是一座工字形殿，坐北朝南，有前后两座厅堂，中间有穿堂相连。前殿与南房、东西配殿围成独立的小院，其间有游廊相连。有时我在故宫里去其他部门办事，穿过开放区，遇到游客。他们见我胸前有故宫工作人员的胸牌，就会问我："小燕子住哪？"我知道，小燕子是琼瑶的小说《还珠格格》里的人物。这部小说后来拍成了电视剧，赵薇演小燕子，张铁林演乾隆。这部电视剧我拒绝看，主要是受不了张铁林的笑声。电视剧（小说）里的小燕子就住漱芳斋。查清宫档案发现，自乾隆朝一直到清末，从未有任何一位格格在漱芳斋里居住过。所以《还珠格格》里的小燕子，根本不可能，也不应该住在漱芳斋。当然，《还珠格格》是艺术创作，娱乐娱乐就可以了，不必较真，但是的确有许多来故宫的游客，受到了电视剧的误导。

漱芳斋前的庭院里，与漱芳斋前殿正对的，是一座大戏台。这是故宫内仅次于宁寿宫畅音阁大戏台的一座戏台，也是宫中最大的单层戏台。戏台每面四柱，当心间稍宽，作为台口。台的上方设有天井，覆以重檐歇山式屋顶，装饰极为华丽。清代帝王对戏剧情有独钟，乾隆、嘉庆、道光、咸丰乃至慈禧太后都喜欢看戏。每年元旦（今春节）、万寿节（清帝与太后诞辰）和冬至都离不开戏剧演出，元宵、端阳、中秋等各大小节令及皇帝的大婚、册封后妃、皇子出生等重要活动，也要演戏庆贺。每年元旦，习艺的太监们要在凌晨 4 时 3 刻入宫，皇帝在金昭玉粹宫进早膳时，上演"喜朝五位"。不到 6 点，漱芳斋的戏台上就已打起细乐，上演祥瑞例戏以及散出小戏。6 点整，皇帝要去接受群臣朝贺，演出暂停，皇帝回来后，再接演小戏。只有在这里，他们才安于以观众的身份，打量帝王将相的旧日传说。

皇帝坐在漱芳斋前，面对着庭院里的戏台看戏。戏台的视觉效果和音响效果，在当时堪称一流。表演者站在戏台上演出，他的嗓音就会犹如天籁，即使在表演者自己听来，他们的声音也赏心悦耳。这是只有在宫殿内部才能获得的神奇效果。他们或许并不知道，营建这座演戏楼的时候，在楠木铺成的台面下面挖了四眼水井，以增加声音的共振，使声音更有质感。

演员们上天入地，翻手云，覆手雨，无所不能。在这里，他们可以是身穿蟒袍的王，是法力无边的神，让现实中的皇帝哭之笑之。

皇帝高兴了，也会加入表演的阵容中。有一次，宫中唱《黄鹤楼》（是在宫中的另一座大戏台畅音阁大戏台），同治皇帝唱赵云，一个名叫高四的太监唱刘备。"赵云"打躬参见"主公"，高四赶紧站起来说："奴才不敢。"同治皇帝说："你这是唱什么戏呢，不许这样，重新来！"[1]

他们（表演者）的特权只在戏台上有效，从戏台上下来，他们就立刻成为一粒草芥。所以，他们的"权力"是虚拟的，也是暂时的，它来自皇帝的赐予，皇帝也随时可以收回。

漱芳斋的庭院布局，体现了皇帝的意志——在漱芳斋正殿前，坐着世上最高贵的观众，即使娱乐的时候，

---

1 刘北汜编：《实说慈禧》，紫禁城出版社 2004 年版，第 271 页。

他也要坐北朝南，因为皇帝要"面南而王"[1]。为此，他甘愿牺牲看戏的视觉效果，因而他眼中的画面，全部是逆光的。这是贯彻在紫禁城里的空间意识形态，在有些时候，它宁肯与生活的常识背道而驰。

---

1 古代以坐北朝南为尊位，故天子、诸侯见群臣，或卿大夫见僚属，皆面南而坐。

宁寿宫

一

　　宁寿宫区位于紫禁城内外东路，就是今天的故宫珍宝馆，这里曾是紫禁城里唯一一座太上皇宫。故宫六百年，太上皇不止一位。被瓦剌人俘虏的明英宗朱祁镇（正统皇帝），归来后就做了太上皇。但他没有太上皇宫，从蒙古高原归来后，皇位早已被弟弟景泰帝朱祁钰占据。后来朱祁镇夺回了皇位，证明自己才是"正统"，之后改年号为"天顺"，又把朱祁钰关起来。大仲马小说《三个火枪手》里，法王路易十四抓捕了自己的孪生弟弟菲利普，给他戴上铁面罩投进巴士底狱。后来菲利普被秘密救出，并悄悄地替代真正的路易十四。这情节与朱祁镇、朱祁钰的皇位转换几乎如出一辙。朱祁镇当年的囚禁之所，在西内的一间旧宫殿内。那寒碜的居所，谈不上什么太上皇宫。西内的位置在现在的北海、中海、南海区域，并不在紫禁城内。

明朝时，宁寿宫区只有稀疏的几座宫殿——仁寿宫、哕鸾宫、喈凤宫，是供太后、太妃养老的宫区。像万历皇帝的宠妃郑太妃、泰昌皇帝朱常洛的宠妃李选侍、天启皇帝的皇后张氏，在丈夫驾崩自己"升任"太后以后，都曾在仁寿宫居住。

到了清康熙年间，康熙皇帝为了让皇太后颐养天年，于康熙二十八年（公元1689年）建造了宁寿宫，给那个年轻守寡的顺治皇后孝惠章皇后居住。关于顺治皇帝与孝惠皇后之间的恩怨纠结，我在《故宫的隐秘角落》里写过。到乾隆时代，宁寿宫迎来"历史性的发展机遇"。乾隆决计不超过祖父康熙大帝在位61年的执政期限，等他秉政满60年就宣布退休，把权力交给他的儿子颙琰（后来的嘉庆皇帝）。乾隆三十七年（公元1772年），乾隆皇帝62岁。这一年，在乾隆生命中，至少有两件大事发生：一是开始编修中国历史上规模最大的丛书——《四库全书》，十年后完成；二是下达诏书，大规模改建宁寿宫，"以是为燕居地"[1]。他要去那里，做一个自由自在的太上皇。

乾隆力图在有限的区域内，把他一生中最得意的宫殿样式集中起来，打造他的理想居所。所以，在宁寿宫区，殿阁楼台、亭斋轩馆无不具备，达到了宫殿建筑的最高水准，成为皇家建筑的经典之作。

宁寿宫是紫禁城的城中之城。乾隆改造后的宁寿宫建筑群，犹如紫禁城的缩影，也分前朝、后寝两部分。前部有九龙壁、皇极门、宁寿门、皇极殿、宁寿宫，规制分别仿紫禁城中路的午门、太和门、太和殿、中和殿和保和殿。宁寿宫的后部又分为中、东、西三路。中路有养性门、养性殿、乐寿堂、颐和轩、景祺阁和已毁的北三所，东路有扮戏楼、畅音阁、阅是楼、寻沿书屋、庆寿堂、景福宫、梵华楼、佛日楼，其中畅音阁为清宫内廷演戏楼，其建筑宏丽，全称为宁寿宫畅音阁大戏楼。

---

1 《养吉斋丛录》，转引自章乃炜等编：《清宫述闻》下册，紫禁城出版社 2009 年版，第 673 页。

西路是宁寿宫花园，俗称"乾隆花园"，有古华轩、遂初堂、符望阁、倦勤斋等建筑。开合起伏，承转铺点，以草木峰泉为笔墨；立意布局，塑形取材，以造化气韵为宗法。植树种花，选折枝曲干；叠石理池，择浅近高远。[1] 这座皇家园林本身，就是故宫引以为豪的珍宝。

尽管后来乾隆并没有真正住进宁寿宫，而是最终死在养心殿——对于权力，他有着至死不渝的坚守，但从宁寿宫，甚至仅从乾隆花园来看，乾隆皇帝的完美主义倾向已显露无遗。他要当"千古一帝"，在政治上超越秦皇汉武、唐宗宋祖，同时试图主宰文化的江山，在玄黄寒暑、岁月轮回中，弹弈写绘，吟咏唱和，接通上下五千年的文明电波。他不想当单项冠军，只想当全能冠军，去当他理想中的圣人（所谓"贤希圣"）。这全能，包含了文治，也包含了武功。他自称"十全老人"，历史上没有一个帝王敢这样大言不惭吧。

"十全"，就是十全十美了。他82岁上（乾隆五十七年，公元1792年）写《御制十全记》，充分发扬表扬与自我表扬的精神，对自己不平凡的一生，尤其对自己为

1　叶放：《造园札记》，《经典》2004 年第 2 期。

皇极殿内景

国家统一所建立的"十全武功"给予了充分的自我肯定，"以昭武功而垂久远"。这"十全武功"是："平准噶尔为二，定回部为一，扫金川为二，靖台湾为一，降缅甸、安南各一，二次受廓尔喀降，合为十。"乾隆《御制十全记》写本，纸本，墨笔楷书，开本29.5厘米×14.6厘米，版心23.5厘米×10.9厘米，月白绫镶裱，书册上下有楠木夹板，书函为硬木制，现存故宫博物院。

《御制十全记》是给自己立传，这还不够，还要树碑。"御制十全记碑"立得有点远，立在了拉萨布达拉宫前，也是乾隆五十七年（公元1792年）敕建的。1965年这座"御制十全记碑"和碑亭一起迁到了布达拉宫背后宗角禄康公园的大门内侧，现已被迁回扩建后的布达拉宫广场。在故宫漱芳斋的墙壁上，也钩刻着《御制十全记》。

乾隆在政治上有作为，他的家庭也算多子多福、富贵满堂。乾隆共有十七子、十女。储君嘉庆，在他的培养下茁壮成长，已初具帝王之象。他不仅把自己的王朝推向了盛世巅峰，而且完成"禅让"，把皇位完好无缺地交给继任者。一个人的人生，已经很难像乾隆这样完美。

但人生没有十全十美，命运面前人人平等，纵然贵为天子也不能例外。其实乾隆一生并不是那么完美，他在爱情上是有缺失的，政治上也并不"十全十美"，比如他执政后期吏治的败坏。就在写下《御制十全记》的第二年，他拒绝了英国使臣马戛尔尼代表英国女王提出的贸易通商请求。他的闭关锁国政策拉大了和西方的差距，使清朝的国运在乾隆晚年开始急转直下，在40多年后就发生了鸦片战争。这些，我在《远路去中国》《故宫六百年》这些书里都分别写到，这里就不啰唆了。

二

另一个对宁寿宫情有独钟的是慈禧。自光绪二十年（公元1894年）六十大寿入住宁寿宫起，她就以乐寿堂西暖阁作为自己的寝宫。乐寿堂在养性殿的后面，面阔七间，进深三间，单檐歇山顶，覆黄色琉璃瓦。"乐寿"二字，显然选自《论语》中"知者乐，仁者寿"一语。乾隆以知者、仁者自居，打算以乐寿堂作为退位后的寝宫，所以堂中题写了联语，东间是"亭台总是长生境，鹤鹿皆成不老仙"，西暖阁联曰："智者乐兼仁者寿，月真庆共雪真祥"。乐寿堂上挂"与气和游"匾，两边联语

乐寿堂内景

是"座右图书娱画景，庭前松柏蕴春风"，此堂也因此称为"宁寿宫读书堂"。大厅仙楼和东西稍间南部、北廊以及夹层、阁道的装修式样风格统一，多用楠木包以紫檀、花梨等贵重木材，间饰玉石、珐琅等饰件。100多年后，依然可以强烈地感受到乾隆的气息。

晚年的慈禧，热衷于对镜梳妆。女为悦己者容，只是慈禧早已没有了"悦己者"，只有她自己，成为自己真正的欣赏者。她不只是爱美，而且在抵抗着什么，那是时光对一个人的侵蚀，她要在这样的抵抗中找回自尊。

随侍慈禧长达八年的宫女何荣儿对此曾有这样的回忆：

> 梳完头以后，老太后重新描眉毛抿刷鬓角，敷粉擦红。60多岁的老寡妇，一点也不歇心，我们都觉着有点过分。当老太后前前后后左左右右地照镜子时，侍寝的总要左夸右赞，哄老太后高兴……
>
> 老太后站起来必定要把两只脚比齐了，看看鞋袜（绫子做的袜子，中间有条线要对好鞋

口）正不正，然后方轻盈盈地走出来。[1]

关于慈禧的梳妆，曾经与慈禧近身接触的德龄曾经透露一个秘密：她有一个半月形的梳妆台，是她自己设计的。这个梳妆台三面有镜子，折叠起来，就是一只长方形的盒子，便于搬移。在中国，寡妇是不能化妆的，所以，这个特殊设计的梳妆台就成了她日常生活中的秘密。

1　金易、沈义羚：《宫女谈往录》上册，紫禁城出版社2004年版，第71页。

宁寿宫花园

一

宁寿宫花园又名乾隆花园，在宁寿宫后区的西路，是一个东西宽度只有37米、南北长160余米的狭长空间，占地面积只有5920平方米。它在紫禁城四大花园中倒数第二小（最小的是建福宫花园），却是最具滋味声色的一座。因为在这狭长的空间内，设计师放弃了中规中矩的对称之美，而是把它从南向北分割成四进院落。有点像章回小说，既各自成篇，引人驻足与停顿，又彼此串联，构筑成一个游观的整体。移步换景的方式，总让人想起章回小说里常有的一句话："欲知后事如何，且听下回分解。"

不妨把乾隆花园里的四个回目分别起个名字：

第一回：名士风流。走过花园的正门衍祺门，迎面不是空庭而是假山，营造先抑后扬的视觉效果，"以'曲径通幽'的手法将游人引入古木参天、山石环抱的院内"[1]。院内正中是一座敞轩，名古华轩。此轩是整个区域的统领，轩前东侧，是被称作"园中之园"的抑斋，更值得一说的，倒是庭院西侧的禊赏亭。亭的抱厦内有流杯渠，追摹的是东晋王羲之"曲水流觞"的名士风流。手握一卷《快雪时晴帖》真迹的乾隆，闲坐禊赏亭里，举杯吟诗间，期待的，或许就是与王羲之的神遇。

第二回：寻常人家。第一进院落中，曲径回环，亭轩相衬，"奇峰怪石错落在边亭半廊之间，异花珍卉散布于水榭山馆之畔"[2]，让人对第二进院落充满期许。但出现在人们面前的第二进院落，恰恰是一个平常的四合院，

1　王时伟、刘畅：《金界楼台思训画　碧城鸾鹤义山诗——如诗如画的乾隆花园》，《紫禁城》2014 年第 6 期。

2　叶放：《造园札记》，《经典》2004 年第 2 期。

简洁的雕镂给人寻常人家之感

甚至比起王府的正房还要素朴直白。这寻常里，其实埋伏着最大的不寻常。这样的设计，不仅增加了空间上的起伏变化（让人感到意外），为花园最后的高潮段落预埋伏笔（也是一种"先抑后扬"），更体现了小院主人乾隆内心的一份诉求，那就是回归平凡的世界，做一个寻常的匹夫。

第三回：坐看云起。第三进院落正面萃赏楼和西面延趣楼都是二层高楼，既遮隔红墙，又可凭栏外望，视线刚好可以越过院中假山的顶部，变得豁然开朗。但院子里的绝笔，不是这两座高楼，而是庭中的太湖石山。乾隆爱晋人书法，也爱宋画，爱米友仁《潇湘云烟图》中的那种云光迷离的效果。叠山犹如画画，要用皴法。乾隆懂画，所以要叠石匠人营造出宋画中的"云头皴"。于是，这庭中的整个假山，都采用横式叠砌的方法，犹如片片云彩，"移石动云根，植石看云起"，让乾隆皇帝体会"行到水穷处，坐看云起时"的那份潇洒浪漫。

第四回：符望春秋。这是花园的最后一进，几乎是把建福宫花园搬进了乾隆花园。庭院中央的符望阁，完全是仿照建福宫花园的延春阁建造的。庭院西南角的云光楼（下层称养和精舍），也是复制建福宫花园里的玉壶冰。云光楼这二层楼阁，从内到外都找不到楼梯，要想上去，需借助庭院假山的山石蹬道，这也是乾隆花园空间变化的神来一笔。

紫禁城内，明清两代共有 24 位帝王，唯有乾隆，为这座宫殿打上了最鲜明的个人标记。修建于乾隆时代的建福宫花园和宁寿宫花园，是紫禁城内最具乾隆品牌的项目之一，也是六百年的皇宫建筑中灵动活跃的部分。

只不过乾隆皇帝虽然好园，却不敢像宋徽宗那样铺张，不敢大规模从南方采石，于是把目光投向京畿房山，以爱惜民力。他通艺术，深谙石乃园林之骨；他亦知历史，深知石乃亡国之物，大明王朝建立之初就刻意避免对物质的迷恋。同样也是画家的明宣宗朱瞻基（宣德）站在琼华岛，面对艮岳的遗石，写下一篇《广寒殿记》，说："此宋之艮岳也；宋之不振以是，金不戒而徙于兹，元又不戒加侈焉。"[1] 这让人想起唐代杜牧《阿房宫赋》："秦人不暇自哀，而后人哀之；后人哀之而不鉴之，

---

1 《明宣宗实录》卷一〇一。

亦使后人而复哀后人也。"[1] 因此乾隆对石头的态度无比纠结——既警惕，又痴情。宁寿宫区景福宫阶前那方挺拔隽秀的巨石——"文峰"石，就是出自房山。他写了一首《文峰诗》，命人刻在"文峰"石上。诗中说：

> 宋家花石昔号纲，
>
> 殃民耗物鉴贻后。
>
> 岂如畿内挺秀质，
>
> 弗动声色待近取。
>
> 抑仍絜矩于人材，
>
> 政恐失之目前咎。
>
> 设因文以寓词锋，
>
> 姑俟他年试吟手。

但乾隆时期，是紫禁城内奇石数量增长最快的时期，有大量灵璧石、太湖石、英石以及一些生物化石被搜罗入宫。四大花园中的慈宁宫花园、宁寿宫花园（"文峰""云窦""翠鬟"等奇石）、建福宫花园，以及寿安

1　（唐）杜牧：《阿房宫赋》。

宫、文渊阁、南三所等六处新增假山奇石景观，均与乾隆有关。

以乾隆的眼光看宋金元明，他当然是《阿房宫赋》里所说的"后人"，但在他之后，还有"后人"存在。"后人"生生不息，前朝永以为鉴。曾经兴盛过的王朝都已成了过眼云烟，唯有帝王们缔造的花园树石依然活着，默默地打量着朝代的兴亡变迁。

二

乾隆花园地处大内深宫，八米高的宫墙把它隔离成一个世外桃源。禊赏亭位于花园最突出的位置，曲水流觞，不仅从造园的意义上化解了花园无水的缺憾，同时勾勒出帝王对风雅的归附。

乾隆手书的"禊赏亭"匾透露出这里与古代知识分子某种精神传统的联系。它让人想起300年前的一个皇子——像水一样飘逸的柏，以及他筑在水边的景云阁。作为古代禳灾祈福的一种巫祭活动，河边"禊赏"古风始终未曾中断，只是随着时间的演进而有所变易，演化为文人士大夫之间的一种宴乐形式。流动的河水不仅为

禊赏亭抱厦内寓"曲水流觞"之意的流杯渠

宁寿宫花园

他们诗酒相酬、比兴咏怀增添诗意的氛围，更是一种无形的容器，包含许多在人们经验和想象之外的东西。如同时间，它用自身的无限指出了人生的限度，它的一去不返暗藏着严厉的训诫。河水里浸泡着全部的历史，因而冥思者总是愿意与流水接近。"莫（暮）春者，春服既成，冠者五六人，童子六七人，浴乎沂，风乎舞雩，咏而归。"[1]曾皙这样表达他的渴望。东晋永和九年（公元 353 年），会稽[2]兰亭举行的那次民间诗会，注定会成为知识分子精神史中的一次重大事件："永和九年，岁在癸丑，暮春之初，会于会稽山阴之兰亭，修禊事也。群贤毕至，少长咸集。此地有崇山峻岭，茂林修竹；又有清流激湍，映带左右。引以为流觞曲水，列坐其次。虽无丝竹管弦之盛，一觞一咏，亦足以畅叙幽情。是日也，天朗气清，惠风和畅，仰观宇宙之大，俯察品类之盛，所以游目骋怀，足以极视听之娱，信可乐也。"[3]这样美的书法，这样美的文字，让 1400 多年后的乾隆，依

1　《论语·先进》第二十六章。

2　今浙江绍兴。

3　（东晋）王羲之：《兰亭集序》。

然惊艳。

大隐隐于朝。皇帝的归隐之所距离他的朝廷并不遥远。从太和殿到乾隆花园，涵盖了他后半生的全部道路。曲折的幽径，暗示着朝廷与江湖的隐秘联系。当然，皇帝的江湖与真实的江湖并不相同。皇帝的江湖充满匠意，透露出"移天缩地在君怀"的贪婪。皇帝的宫苑必须有宫墙和禁卫军看护，皇帝永远不可能从宫殿重返遥远荒僻的山川林野。宫殿里的山水，虚假而矫情，透露出帝王关于归隐的谎言。

乾隆去世前的遗嘱是："若我大清亿万斯年，我子孙仰膺昊眷，亦能如朕之享国日久，寿届期颐，则宁寿宫仍作太上皇之居。"[1] 他的意思是要这座世外桃源永做太上皇宫。讽刺的是，他身后的皇帝个个短命，这个王朝再也没有太上皇出现过。华美的宫苑被长期废置，直到光绪年间，才又以 60 万两白银重新修葺，作为慈禧太后的寝宫。

1　章乃炜等编：《清宫述闻》下册，紫禁城出版社 2009 年版，第 683 页。

宁寿宫花园

三

在故宫林林总总的宫殿中，游客们并不在意偏居东北一隅的宁寿宫花园。今天的游客，可以穿越衍祺门，步入曾经深锁的园林。迎面看到的，首先不是庄严的宫殿，而是一座用太湖石堆起的假山，遮蔽了我们对园林的全部想象。向右转，入曲折回廊，会看到假山上一座小亭，名曰撷芳亭。回廊紧靠的抑斋，树影落在花窗上，斑驳错落。从那回廊，又绕回到花园的中轴线上，才会进入一个相对开敞的空间，右为承露台，仿效汉武帝，在上面放置铜盘，承接仙露（目前只有北海还有一座仙人承露盘），左为禊赏亭，正面是古华轩。建造此轩时栽种的楸树，每逢秋夏，依旧花开满树，灿烂似锦。游客到古华轩止步，后面目前还没有开放。这些不开放的建筑，自南向北依次为遂初堂、耸秀亭（左为延趣楼、右为三友轩）、萃赏楼（左为云光楼）、碧螺亭、符望阁（左为玉粹轩）、倦勤斋。花园叠山理水，古木交柯，借景造景，先抑后扬，古典文人的空间美学被发挥到极致。与中轴线建筑大开大合的刚硬线条比起来，花园内回环的曲线透露出主人对家园内部的向往。在花园的最北端，倦勤斋寂静、朴素，并不嚣张，但走进去，就会立刻感觉到它"低调的奢华"。

这座建筑坐北朝南，面阔九间，东为五间，西为四间，面积不大，也没有礼制性的设施，但它的修饰、摆设，处处透着精心和讲究，唯皇家才能为之。它的内檐装修罩槅大框都是以紫檀为材料的，造价昂贵，却又不失文人气。分隔室内空间的隔扇，由鸡翅木框架拼接成灯笼框、冰裂纹或者是步步锦，中间还嵌着玉石——当然是乾隆最喜欢的新疆和田玉；槅子中间，嵌着轻薄的夹纱，略有点透明，似玻璃而坚韧耐用，上面可以写诗，可以绘画，更可以刺绣各种图案。倦勤斋的夹纱，一律是双面绣，图案是缠枝花卉，行针运线步步精巧，不着痕迹，没有线头露在外面，配色也十分清雅，浓淡相宜。倦勤斋的竹黄工艺、竹丝镶嵌、双面绣、髹漆工艺都是在江南完成的，渗透着江南草木泥土的芳香。梦想的手指，在这些材料上变得异常活跃，我想起加什东·巴什拉曾经说过的："手无比精巧地唤醒了物质材料的神奇力量。"[1] 2002 年至 2008 年，故宫博物院和美国世界文物建筑保护基金会合作，对倦勤斋进行抢救修复（乾隆花园的整体修复工作到 2020 年才全部完成），连寻找材料（比如数量庞大的和田玉）都是一件困难的事情，遑论它们的工艺了。其中"仙楼"，就是最考验工匠技艺的地方之一。

仙楼不是迷楼，不是尽情纵欲之所，它的特色是将室内以木装修隔成二层阁楼。这种设计也是从江南园林中移植过来的，《扬州画舫录》里记载过，六下江南的乾隆见识过，装修程序十分复杂。在倦勤斋并不开阔的空间里，仙楼的设计使它陡增变数，有了空间上的节奏感。在仙楼的上层、下层，分别贴着雕竹黄花鸟、山林百鹿，让房间里充溢着祥和的气息，合乎乾隆的心境，也暗合着帝国的主旋律。

最震撼的，还不是倦勤斋里那些复杂精致的工艺，而是小戏台边那幅通天落地的大壁画。它先是画在纸上或者绢上，然后再贴在墙上，铺满墙面——有点像今天

1　[法]加什东·巴什拉：《梦想的权利》，顾嘉琛译，华东师范大学出版社 2013 年版，第 82 页。

装修时用的墙纸。画框消失了，画幅与墙壁等大，画中描绘的景象通过透视关系与室内的空间连成了一体，几乎成为真实世界的一部分。艺术史家为这种"天衣无缝地画在建筑的墙壁和天花板上令人产生错觉效果的绘画"起了一个名字——"通景画"[1]。

于是，在那幅"通景画"上，我们看见一座绛红色的双层宫殿赫然屹立着。近景是一道斑竹围成的篱笆，篱笆后面，是一片丰饶的园林；粗壮的松柏下面，各种花儿盛开；双层宫殿金黄的歇山顶从篱笆的上面露出来，在蓝天下飞扬起它的戗脊。画面的远景是一道宫墙，宫墙外，山影如黛，天高云淡，有喜鹊在碧空中滑翔……

不知是谁把"perspicere"这个意大利单词翻译成"透视"的。我站在这幅大画前，回味着这个词，对它的翻译者有说不出的钦佩。所谓"透视"，就是在平面的画上制造三维的视觉效果，形成一个"三度空间"，使画面上的物体具有立体感，有了远近，使我们的视线能够"透"过画，"深入"到画的内部，就像倦勤斋那满墙斑

---

1 参见［美］李启乐：《通景画与郎世宁遗产研究》，《故宫博物院院刊》2012 年第 3 期。

倦勤斋中的小戏台（任超 摄）

斓的风景，似乎已经把房间里的那堵墙变成了空气。我们的目光能够穿透它，看到春日的阳光，听到草木在风中的喧哗。

这是一种来自西洋的画法。公元 1425 年，中国还处于明朝的朱棣时代，意大利文艺复兴绘画的奠基人马萨乔为佛罗伦萨的一座教堂绘制的壁画《圣三位一体像》，犹如刚刚发明的 3D 电影，令当时的佛罗伦萨人感到无比的惊愕。壁画揭幕时，他们还以为在墙上凿出了一个洞，通过洞口，人们看到一座布鲁内莱斯基风格的新型葬仪礼拜堂。

这是世界上第一幅使用透视法的绘画作品，马萨乔在他的画中首次引入了灭点，即透视点的消失点。这幅壁画无疑带来了一场绘画革命，成为西欧美术发展的基础。在这幅高 6.67 米、宽 3.17 米的壁画中，马萨乔将画面的透视灭点按照成人的平均身高，设置在观众眼睛的高度，也就是比画面中的地面略高一点的位置。于是，这幅画的灭点，就与观众的真正视点吻合了，画面的内部空间也就成了观众视线的自然延长。通过在平面上创造一个现实中本不存在的、却与观者视线紧密相连的三维空间，画面上的视觉空间与绘画平面在观者的目光中统一起来。马萨乔的方法使每个观众都不再是无关的旁观者，而是成为"看"的动作者。正如人文主义者阿尔贝蒂将长翅膀的眼睛作为他自己的象征，马萨乔赋予视觉以感知世界的特权。与视点统一的《圣三位一体像》隐喻了观看者的在场，他构建了两个画面。[1]

除了透视灭点的神奇功效，那些真人大小、富有雕塑实体感的人物形象，以及明暗虚实变化的建筑结构，则进一步加强了画面空间的真实性，从而产生了以假乱真的效果。这种极端写实的画法，有如今天的高清镜头，放大了事物的每一个细节，甚至包括这些物体被侧光和逆光照亮的毛茸茸的表面。我想起自己少年时，曾在1984年全国美展上看到王晓明的油画《未来世界》。上面画着一个孩子，背对着我们，他对面的墙上，有一些描绘着未来世界的画纸，被图钉钉在墙上。我还以为画面上的那些图钉，是画家用真实的图钉钉上去的，趁人不注意，我用手轻轻摸了一下。我想那幅已成当代经典的油画上，至今残留着我少年时的指纹。但手的经验否决了眼的经验——画面是平的，没有凸凹，没有冰凉的

---

1 参见马佳伟：《经典透视法的另类秘密》，《美术向导》2014年第2期。

宁寿宫花园

239

触感，所有的图钉，都是一笔一笔画上去的。那是我第一次看到超写实的绘画。画家全凭自己纯熟的技艺，明目张胆地欺骗了我们的视觉，也抹杀了真实与虚幻的界限。犹如在倦勤斋，面对一堵冰凉坚硬的墙，却对那道画出的月亮门信以为真，以为只要抬脚迈过去，就能抵达那座流光溢彩的红色宫殿。

画中的事物本来就是假的，我们在观赏一幅画的时候，首先需要承认画的假定性——画中的苹果是不能吃的，画中的花朵也没有丝毫的芳香，这是最普通的常识。它的逼真，除了能够证明画家的卓越能力之外，什么也证明不了。牛津大学副校长、研究中国艺术与考古最杰出的西方学者之一的杰西卡·罗森说："在西方装饰系统里，人物塑像或绘画的内容与它们的建筑构件框架之间有明确的界定。"[1]但乾隆不这样看，很多中国人也不这样看，他们更愿意相信图画（乃至所有视觉艺术）是真实世界的一部分。所以在照相术刚刚传入中国宫廷的时候，皇帝太后们曾经那么害怕它摄走自己的魂魄，面对电影

1　[英]杰西卡·罗森：《祖先与永恒——杰西卡·罗森中国考古艺术文集》，邓菲、黄洋、吴晓筠等译，生活·读书·新知三联书店2011年版，第509页。

银幕上飞驰而来的火车,他们也拼命躲闪。

"通景画"带来一种视觉幻象,但它营造得那么真实,天衣无缝,让人不能生疑。乾隆皇帝一旦发现了视觉幻象的魅力,就被它深深地吸引住,不能自拔了。于是,这样的"通景画",也开始向其他宫殿"拓展",这些宫殿包括玉粹轩、养和精舍的明间和东间。四个房间的"通景画"刚好组成春夏秋冬四个场景:春天百花盛开,夏天藤萝满挂,秋天纸鸢高飞,冬天梅花飘香。四季的轮回,代表着太平盛世的永无止境和大清江山的千秋万代,如乾隆在《宁寿宫铭》中所写的:

> 告我子孙,毋逾敬胜。是继是承,永应
> 福庆。

200多年前,倦勤斋的中央,站着乾隆皇帝。看见从空中掠过的喜鹊,他的内心定会感受到说不出的轻松和通透。那是一个微缩版的乌托邦,代表着他的精神图腾,也是他最后的归处。它凝固在倦勤斋,使这座宫殿几乎成了吉祥符号的大本营。他希望时间像画一样静止,安乐太平的岁月被房间牢牢守住,永不逝去。

倦勤斋中的通景画（任超 摄）

阅尽春秋的乾隆，在紫禁城起起落落的宫殿一角，建立了自己的退隐之所。"倦勤"，说明他累了，要由"公共的"乾隆，退回到"个人的"乾隆。他要一个私密化的空间，摒弃政治的重压和礼制的烦琐，回归那个真实的自己，"爽借清风明借月，动观流水静观山"[1]。他盼望那个空间，可以全然按照个人的意志去设计和装修，犹如天下，就是他全凭个人意志打造的。因此，所有的装饰器物，都是他喜欢的。对此，宫廷档案都有记录。比如：房间里多宝格上摆放的文玩、书籍、文房四宝，他伸手即可取用；东五间明殿的西进间中炕上有"春绸袷帐""春绸袷幔""春绸大褥""石青缎头枕"等物[2]，也给他带来家居的温暖；倦勤斋西四间的那个微小戏台，更让这个不大的宫殿里充满丝竹管乐之声，乾隆命词臣填词，南府太监唱曲，自己沉醉其间，极尽风雅。

　　皇帝也是人，也有自己的梦。如果说国是他的大梦，那么家就是他的小梦。倦勤斋，就是装置梦的房间，是

1　苏州拙政园"梧竹幽居亭"对联。

2　中国第一历史档案馆藏：《内务府奏销档》，胶片 107，乾隆四十一年十二月二十日，"总管内务府为奏闻报销宁寿宫用过缎纱布匹事"。

他为自己的梦设计的一个容器、他的"太虚幻境"。它柔软、妥帖、安稳，与梦的形状严丝合缝。在这里，现世安稳，岁月无惊，历朝的治乱离合、皇子间的血腥争斗，都已退成了远景。围城里的他，又甘愿做一介平民，独坐幽篁，采菊东篱，或在花开的陌上，遇见美丽的罗敷。他见识过自己的江山，体悟到人生的华丽深邃，归根结底是要归于宁静平远的。

然而，自从乾隆花园建成以后，乾隆一天也没住过。

谁都不会想到，他时时前往施工现场、亲自督造的理想国，竟然成了一座废园。

因为它太小了，而乾隆的心始终是大的。那个习惯了三大殿的威武浩荡的乾隆大帝，怎可能习惯这春光摇漾、藤蔓丝缠的微小花园，像个怨妇一样闲庭信步、临水自照？

"禅让"那一刻，乾隆把自己预想得如尧舜一般伟大，但这预想毫无准确性。他没有真正地放弃过权力，权力如毒瘾，拿得起，放不下。

他仍然住在养心殿，而并没有按照清朝的礼制，在禅位后搬走。朝廷的一切大权，依旧独揽在他手中。他给自己揽权的行为起了一个好听的名字：训政。嘉庆三年，他进行了表扬和自我表扬，说："三载以来，孜孜训政，弗敢稍自暇逸。"[1]

无论他怎样夸大自己的奉献精神，也无论他怎样渲染天下的太平与祥和，都改变不了天下的私人享有性质。哪怕离开权力一步，他都会产生深深的焦虑。无论这宫殿里有多少的风花雪月、蕉窗泉阁、琴棋书画、曲水流觞，纵然宫殿里到处植满了陶弘景之松、苏东坡之竹、周濂溪之荷、陆放翁之菊，再供几块米芾所拜之石，养几尾庄周所知之鱼，配上林逋的老梅闲鹤，宫殿仍旧是宫殿，权力，仍然是宫殿的第一主题。风轻云淡，那永远是宫殿的表象；刀光剑影，那才是宫殿的本质。他在这宫殿里生活了几十遍的春秋，无处不布满他的影子、气息，他已经和那些庄严的殿堂融为一体。他就是宫殿，宫殿就是他。他离不开权力，就像一个武林高手，离不开他的江湖。一个政治家，假如变成了一片闲云、一只野鹤，在威严的宫殿里，会显得那么不合时宜。

直到他闭眼的那一天，才被抬出养心殿。

---

1 《高宗纯皇帝实录》，见《清实录》第二十七册，中华书局1986年版，第1064—1065页。

假如梦也是物质，在时间中变成文物，那么宁寿宫花园，就是收藏这些残骸的仓库。

对乾隆来说，宁寿宫就是一场梦，是水月镜花，就像倦勤斋"通景画"上那扇画出的月亮门，虽是那样圆满，却不能走进去一步。

南三所

清代的皇子，幼龄时随母住东西六宫，到六岁入学之时，就要迁往乾西五所、乾东五所和南三所（统称"阿哥所"，也叫撷芳殿），统一居住，统一管理。有的直到成婚后，仍不离开"阿哥所"。

乾西五所在御花园以西、百子门以北，而乾东五所在御花园以东、千婴门以北，二者东西对称。乾西五所由东至西分别为头所、二所、三所、四所、五所，每所都是南北进深三进院落。明朝时就有，为皇子所居，到了清代，就成了皇太子宫。雍正五年（公元1727年），雍正皇帝为太子弘历主办了婚事。成婚后的弘历，从毓

南三所

南三所

庆宫搬到乾西五所中的二所。弘历和富察氏这对小夫妻在这座宫殿一直住了九年，直到弘历登基，才把二所升级为重华宫。

南三所在明代慈庆宫原址的北部，有一座宫门，面南，门阔三间，绿琉璃瓦歇山顶。进宫门后，是一个东西狭长的院落。走进这院落，又见到三座东西并排的琉璃门，也一律面南，它们就是三个所的门。每个门后，都是一个单独的院落，各院落彼此又相互连通。宫殿绿色琉璃瓦顶，亦是取五行之中东方木主生之说，象征王朝的生命力长盛不衰。清代嘉庆、道光、咸丰等皇帝做皇子时都曾在这里住过，宣统登基后，摄政王载沣也在这里休憩起居。

御花园

许多人误以为紫禁城里没有花木。实际上，紫禁城不只是天子之城，接收着来自上天的隐秘信息（所谓奉天承运），也是一座花木山水之城，与大自然声息相通。紫禁城内，现存古树就有 448 株，其中一级古树名木 105 株，二级古树名木 343 株。[1]

紫禁城里最老的树，在武英殿断虹桥前，那里生长着 18 棵古槐，号称"紫禁十八槐"。它们的树龄在 600

---

[1] 贾慧果：《紫禁城古树名花寻踪》，见空间与陈设编辑室编：《宫·帝王的花园——国人的设计美学》第 1 册，故宫出版社 2017 年版，第 9 页。

年左右，几乎与朱棣同时代，因此它们是故宫博物院里最古老的古物。如保护历史园林的《佛罗伦萨宪章》所强调的，"历史园林是一主要由植物组成的建筑构造，因此它是具有生命力的"。

《周礼》上说，周代朝廷内种有三槐、九棘，公卿大夫分坐其下，以定三公九卿之位，"三槐九棘"从此成为三公九卿的代称。北京城自辽、金、元、明、清各代，都有植槐的历史。断虹桥前那18棵古槐，是当今北京市区集中分布数量最多的古槐，最粗的一株，树高21米，胸径1.61米，冠幅23米，是北京市现存最大的古树。

在故宫博物院藏明代《宣宗行乐图》中，有两株交错在一起的柏树，即所谓的"连理树"。《晋中兴书》说："王者德泽纯合，八方同一，则木连理。连理者，仁木也。或异枝还合，或两树共和。"连理之树，被赋予了特别的政治意义。在今天的御花园，在坤宁门至天一门的甬道上，仍有一组连理桧柏。这组"连理树"，被认为是皇家景观的核心。

御花园里，古柏苍然，西北角延晖阁前，柏树甚至成林。乾隆、道光、咸丰等皇帝都曾有诗为证。其中咸丰诗曰："内苑规模惬素心，延晖阁畔柏森森。萧疏影动

承乾宫梨花

御花园

当窗竹，层叠苔生倚槛岑。"堆秀山东北角，假山湖石间，也有一株古桧柏，在乾隆时期，就被认为是一株古树。所以乾隆诗曰："摛藻堂前一株柏，根盘厚地枝拿天。八千春秋仅传说，厥寿少年四百年。"因曾为乾隆遮凉，被乾隆封为"遮荫侯"。

除了柏树，御花园还有松树（如钦安殿、堆秀山的白皮松）、槐树、楸树等树种。琼苑东门那棵龙爪槐，树高5米，胸径1.06米，冠幅11米，株龄超过三百年，被称为"北京龙爪槐之最"。

紫禁城里同样花木葱茏，像御花园绛雪轩前的太平花、建福宫的红梨花、文华殿前的西府海棠，芳姿各具。更不用说大量的野生草木，像紫花地丁、蒲公英、野菊花、车前草、马齿苋、苣荬菜……，"还有很多一时叫不上名字的花花草草，都会在有风吹过的地方生出来，墙角、砖缝、瓦垄，甚至是城墙上高高的滴水里，都会意想不到地探出花朵来，告诉人春天到了"[1]。

在皇帝眼里，草木茂盛，繁花似锦，不只代表着人

1　朱传荣：《兰开二月》，见空间与陈设编辑室编：《宫·帝王的花园——国人的设计美学》第1册，故宫出版社2017年版，第64页。

太和殿广场上钻出缝隙的小草

与自然的和谐，更代表着国家欣欣向荣、昌隆永久。

有学者说："相对西方的天堂说，中国文化中的乐园一直在人间。古人修真的洞天福地甚至有地图可寻访。东晋诗人陶渊明说他去过桃花源，那里不只有桃花和水川，还有与世无争、悠然自得的生活。仙山再虚无缥缈，终归在人间。诗人、画家各自表述心目中的理想，图画是乐园范本，理论是天堂口诀，纷纷相地而围，动手堆土叠石，凿井引泉，栽花邀月，装置出大家熟悉的园林。"[1]

北京也是一座园林之城，尤其西山一带，层峦叠嶂，湖泊罗列，泉水充沛，山水映衬。金朝就在西山地区建立了八处离宫，名"八大水院"。明代在此营建了多处带有园林的寺庙和私家园林，最著名的是外戚李伟的清华园（清代改建为畅春园，与现存的清华园同名异地）和米万钟的勺园（在今北京大学校园内）。但明朝由于西北存在蒙古边患，没有在北京西郊修建皇家园林。到清朝，西北方向上的一脉青山，突然弥漫成一片片的山水园林，依仗着香山、万寿山、玉泉山的山水形制，分

1　赵广超：《紫禁城 100》，故宫出版社 2015 年版，第 247 页。

别建成了静宜园、清漪园（颐和园）、静明园三座巨大园林，还在附近建成畅春园和圆明园，"三山五园"的格局至此成形。

清朝帝王对山水园林的热衷，不只是皇帝个人的雅好，而是与这个草原民族逐水草而居的习性有密切的关系。本书前面讲过，北元分裂以后，鞑靼蒙古、瓦剌蒙古与明朝形成"三足鼎立"的格局。到明末，鞑靼蒙古又分裂为漠南、漠北两部。北元的分裂，加速了女真人的崛起。女真领袖努尔哈赤虽然依靠明廷所授予的官职来发展自己的实力，却在暗中称雄，靠"十三副铠甲起兵"，统一了女真各部，降服了邻近蒙古诸部，并通过与蒙古贵族联姻，逐渐完成了对明朝的包围，最终取代了从前的元，入主中原，统一中国。

于是，北京这座根据儒家经典建立的方正之城，向草原民族逐水草而居的性格再一次靠拢，清代北京城也被打造为一座山水相融之城，成为这锦绣江山的模型。他们生活的理想世界，一如康熙御制诗里所写：

春归鱼出浪，

秋敛浪横沙。

御花园

故宫的花影

独目皆仙草，

迎窗遍药花。

当然，西苑（中南海）、南苑、三山五园，都只是供皇家独享的乐园，百姓不能踏进半步。他们只能望着西北方向青黛的山影，想象那里的湖光潋滟、山水绵长。

中国帝王的花园别墅，成为法国国王倾慕和模仿的对象——路易十四为自己的宠妃蒙特斯潘夫人建造了一座"中国宫"，中国的亭台楼阁、深院古塔，也取代了巴洛克风格成为法国国王最倾心的风格。当时的人说，北京是全世界的时尚之都，相比之下，巴黎不过是乡下。

"三山五园"毕竟道途遥远，因此，紫禁城里，陆陆续续筑成了"四大花园"，分别为御花园（公元1420年始建）、慈宁宫花园（公元1538年始建）、建福宫花园（公元1742年始建）和宁寿宫花园（公元1776年始建），刚好明朝两座（御花园和慈宁宫花园分别始建于永乐时期和嘉靖时期）、清朝两座（建福宫花园和宁寿宫花园皆始建于乾隆时期）。即使不出紫禁城，也可以体验到一园清幽，满庭苍郁。其中紫禁城内最大的花园——中轴线上的御花园，面积只是颐和园的二百四十分之一、圆明园的二百九十分之一。大北京的灵秀壮美，被收束于紫禁城中，收纳在曲桥回廊之间。这些"花园不只是自然的入口，更是精神的皈依处"[1]。

明朝初建紫禁城时，就在紫禁城中轴线的北端，打造了一座皇家园林——御花园，供皇帝后妃们休憩赏花读书。后代虽陆续增修，最初的格局却始终未改。它南北长80米，东西宽140米，面积约12000平方米，在紫禁城里，也只是一处微缩景观。这小小的方寸天地，却一如这紫禁城里的外朝与内廷，严格遵循着中轴对称的原则，虽得自然之趣，却不失端庄稳重。

出坤宁门，入御花园，由南向北，天一门、钦安殿、承光门延续着紫禁城的中轴线。在中轴线两侧，亭台楼阁分列两侧，犹如对联，一一对仗——绛雪轩对养性斋，万春亭对千秋亭，浮碧亭对澄瑞亭，摛藻堂对位育斋，堆秀山对延晖阁，但它们都退居在花园边缘的位置，把中间更大的空间，留给了铜炉瑞兽、古木奇石，让这座方寸间的花园，显得疏密有致。

---

1 赵广超：《紫禁城100》，故宫出版社2015年版，第254页。

神武门

1924 年 11 月 5 日，婉容和溥仪像往常一样，坐在储秀宫里闲聊天，内务大臣绍英跌跌撞撞跑进来。原来是鹿钟麟带着部队进入了紫禁城，强迫溥仪在三个时辰内搬出紫禁城。

其实，就在前一天，溥仪与郑孝胥、荣源等几位大臣，以及皇后婉容商议，决定第二天乔装逃出紫禁城。

匆忙中，婉容放下刚刚吃了一半的苹果，仓皇走出储秀宫。

溥仪出宫后成立的清室善后委员会拍摄的储秀宫照片上，那枚吃剩一半的苹果赫然在目。

当时真实的情况是，在"亲贵大臣"的苦苦哀求下，准许溥仪再推迟几小时出宫。溥仪只带上一些细软就匆匆离开了，一行人只用了五辆汽车，鹿钟麟乘坐第一辆做前导，溥仪与随从坐第二辆，婉容和她的亲属坐第三辆，张璧坐第四辆，绍英等坐最后一辆。

有两位太妃誓死不从，滞留宫中。

溥仪出神武门时，携带物品一律要检查，军警在他行李里查出一件稀世国宝——王羲之《快雪时晴帖》，当场没收。但这件没收的古物却给办事人员出了一个大难题："当时各宫殿已经上锁，没法立刻随便打开把它送回去，而除此之外又无处可存，而且又不能交由私人保管，于是在万般无奈之中，临时由承办人员想出一个权宜办法，马上派人到外面去买了一个大保险箱回来，由当时清室善后委员会的委员长李石曾（李煜瀛）先生亲手把它锁在柜内，外面再加贴封条，然后再把这个大保险柜存放在神武门里面的临时办公处内；当时保险柜的开启号码，只有李先生一个人知道。"[1]

我不知离开故宫时，溥仪是否从后车窗回望过他的

1　庄严：《前生造定故宫缘》，紫禁城出版社 2006 年版，第 28 页。

院

神武门

宫殿。高大的神武门，作为宫殿的最后形象，从他的视野里渐渐远去，直到消失。那一刻，他的心头一定是五味杂陈。他的少年心，曾被这百尺宫墙所禁，一直渴望着像小鸟一样飞翔。此刻，他离开了牢笼，却定然会产生一种空茫的心绪。

他不知道他将来会在哪里安身。

他住进了父亲的宅子（醇王府），却不止一次地偷偷潜回紫禁城外，面对高高的宫墙，号啕痛哭。

在他们身后，故宫博物院于 1925 年 10 月 10 日成立。

溥仪离开时走过的神武门，成为故宫博物院的正门。

故宫博物院成立前几天，清室善后委员会委员长，也是故宫博物院理事长的李煜瀛先生，在文书科内，将黄毛边纸粘连起来，长达丈余，铺在地上，半跪着书写了"故宫博物院"五字院匾，悬挂在神武门上。

吴祖光先生之父吴瀛先生是故宫博物院的创建者之一，曾任北洋政府内务部主管故宫的官员。家人在整理新凤霞和吴祖光遗物时，发现了吴瀛先生写于 1948 年 10 月到 1949 年 7 月的手稿，其中详尽实录了当年创办故宫博物院的起因和许多不为人知的细节。他在回忆故宫博物院开幕典礼时说：

"那天，北京全城人士，真说得上万人空巷！都要在这天，一窥此数千年神秘的蕴藏。熙熙攘攘的人们无不抱此同一目的地拥进故宫。我因为家有小事，去得稍迟一点，同了眷属以及友好几个人，车子被阻在途中不能行动好多次。进宫之后，又被遮断在坤宁宫东夹道两小时，方才能够前进。所以到达会场，开幕典礼也过了，没有参与。只见人来人往，乱哄哄地一片一堆地到处磕撞着，热闹极了。"[1]

皇帝居住的紫禁城，从此变成了"故宫"（过去的宫殿）。

它的主语彻底反转，由皇帝，变成人民。

从故宫（过去的宫殿，即紫禁城）建成（公元1420年）至今（公元2024年），时光刚好过去六百余年。

这六百余年，分成有皇帝（包括逊帝）的505年（公元1420年至1924年）和没有皇帝的100年（公元1925年至2024年）。

1931年，不愿再忍受这一帝、一后、一妃的"三角关系"的文绣，向法院起诉，与溥仪离婚。

---

1 吴瀛：《故宫尘梦录》，紫禁城出版社2005年版，第89—90页。

角楼

她也成为中国几千年帝制历史中，第一位与皇帝离婚的妃子。

民国媒体称此为："皇妃革命"。

唯有溥仪守着他的皇帝梦不放，犹如一块拒绝融化的残雪。1932 年，溥仪远去东北，在日本人扶植下建立伪满洲国。他所谓的"帝国"，不过是殖民地的别名而已。

那一年，文绣作为北平的府右街私立四存中小学的国文和图画老师，恢复了原名：傅玉芳。

这是文绣离开溥仪，回到北平后的第一个职业，自食其力，让她的心情特别愉快。

她粉笔字写得好，嗓音清亮，讲解国文明白透彻，学生们都非常喜欢这位新来的傅老师。

她终于成为自己希望成为的那个人。

1934 年，离开旧宫殿整整十年后，溥仪在关外的长春重登大位，年号"康德"。

1940 年 5 月，溥仪去日本参加日本天皇诞生 2600 年庆典，把日本人的祖先天照大神迎接回中国，将日本流行的神道教立为伪满洲国的国教。

归国时，他带回了象征日本天照大神的若干神器：

八咫镜、草薙剑，还有琼勾玉。在火车上，他失声痛哭。

1946 年 8 月，在远东军事法庭上，溥仪就日本发动的侵华战争向法庭做证。证人席上的溥仪被压抑了多年的屈辱终于爆发，不顾法庭秩序向日本律师大声嚷嚷："我可是从来没有强迫他们把我的祖先认作他们的祖先！"[1]

这一场景后来被溥仪记录在自传《我的前半生》中。

溥仪一生都没有弄清，自己应该成为的那个人究竟是什么模样。

在我眼里，他其实是一个流浪者——自从他在紫禁城毫无目的地骑车飞奔，他的流浪者身份就注定了。

他有自己的新娘，但他没有自己的家。

他坐拥九重宫苑，但他不属于它。

他向往外面的世界，一个正在急剧变化的新世界，但当他离开了宫殿（尽管是以被迫的方式），却不知道自己该去哪里。

他永远都找不到自己的下一站，只能在时代的风雨中奔走挣扎，最终竟变成了一名乞食者，对日本人摇尾

---

1 爱新觉罗·溥仪：《我的前半生》，群众出版社 2007 年版，第 304 页。

乞怜。

他名为皇帝，却无家无国。

直到晚年，才找到了他的国，在共和国公民这样一个新的身份里，安然老去。

婉容1946年死于延吉，无棺无椁无碑。

白云苍狗，葬身之地已无从寻觅。

她像一只秋鸿[1]，飞得那么远，远到了没人能知晓她的踪迹。

作为一个受到新思想洗礼的年轻人，她追求一个普通女人该有的幸福，却又拼命维系着皇后的光环。她一生的悲剧，由此注定。

2015年，故宫博物院举办"光影百年——故宫老照片特展"，展出清宫老照片三百余张，其中许多从未公开。这些照片中就包括若干婉容的照片。婉容的温婉容颜，在90年后，已经变成了文物，代表着无法重返的旧日时光，而它们展出的地点，正是她离宫时走过的神武门。

1　婉容曾被称为"秋鸿"，实际上她字"慕鸿"，"秋鸿"实为误传。

图书在版编目（CIP）数据

故宫建筑之美 / 祝勇著；李少白摄影. —北京：
生活·读书·新知三联书店，2024.5
ISBN 978-7-108-07824-7

Ⅰ.①故…　Ⅱ.①祝…②李…　Ⅲ.①故宫－建筑艺
术　Ⅳ.① TU-092.2

中国国家版本馆 CIP 数据核字 (2024) 第 060206 号

策划编辑　何　奎
责任编辑　柯琳芳
装帧设计　鲁明静
责任校对　张国荣
责任印制　卢　岳
出版发行　生活·讀書·新知 三联书店
　　　　　（北京市东城区美术馆东街 22 号 100010）
网　　址　www.sdxjpc.com
经　　销　新华书店
印　　刷　天津裕同印刷有限公司
版　　次　2024 年 5 月北京第 1 版
　　　　　2024 年 5 月北京第 1 次印刷
开　　本　880 毫米 × 1230 毫米　1/32　印张 10
字　　数　153 千字　图 51 幅
印　　数　0,001－8,000 册
定　　价　79.00 元
（印装查询：01064002715；邮购查询：01084010542）